GRANDS CRUS

DIE GROSSEN WEINE DER WELT

GRANDS CRUS

DIE GROSSEN WEINE DER WELT

DAVID COBBOLD

Unter Mitarbeit von Henri Grandcolas

PHOTOGRAPHIEN VON PHILIPPE HURLIN

NEFF

INHALT

VORWORT

Die Auswahl der in diesem Buch aufgeführten Weine erfordert einige erklärende Worte. Der Begriff „großer Wein" ist in der Tat komplex: Schon die Rolle der Natur ist vielfältig, und in diese Natur – also auch in den Wein – greift der Mensch ein. Von diesen Rollen ist in diesem Buch, das sich als Echo der Aussagen der Weingutbesitzer oder -leiter und als Spiegel ihrer Dynamik versteht, oft die Rede. Ihre Aussagen weisen viele Gemeinsamkeiten auf. Doch – und dies macht sie gerade so wertvoll – gibt es glücklicherweise zwangsläufig Unterschiede zwischen der Philosophie eines Menschen, der auf dem seit Generationen von seiner Familie bestellten Boden arbeitet, und der eines Menschen, der praktisch aus dem Nichts einen Wein erschaffen hat, der von seinesgleichen zu den besten der Welt gezählt wird. Aber jede Geschichte muß einen Anfang haben, und oft ist diese Geschichte viel älter, als man denkt, denn einer der Weine aus der Neuen Welt, über den in diesem Buch berichtet wird, wurde bereits im siebzehnten Jahrhundert als großer Wein betrachtet, bevor er kürzlich wiederentdeckt wurde. Um es mit Jean Cocteau zu sagen: Die Tradition hat etwas Lebendiges an sich.

Jede Auslese bedeutet eine Hauptanforderung: eine Auswahl zu treffen. Und dann ist es zwangsläufig, daß viele nicht erscheinen, die es verdient hätten, zu den Auserwählten zu zählen, was man nur bedauern kann! Die „klassischen" Regionen wurden nicht vernachlässigt, genausowenig wie die immer zahlreicheren, aus denen morgen weitere große Weine entspringen werden. Dennoch sind einige Länder, die exzellente Weine produzieren, hier nicht anzutreffen: Dies ist zum Beispiel für Chile oder Argentinien der Fall. Doch so hoch die Qualität vieler Weine aus diesen Ländern auch sein mag, kein einziges Gut hebt sich aus den anderen dauerhaft hervor, so daß es als „großer Wein" bezeichnet werden könnte. Das Preiskriterium ist nicht entscheidend. Ein großer Wein ist fast immer „teuer", jedenfalls teuerer als ein nur guter Wein, was aber nicht bedeutet, daß der hohe Preis das einzige Kriterium für einen großen Wein ist. Olivier de Serres, ein Agronom aus dem sechzehnten Jahrhundert, sprach von der „Ehre des Weines". Alle in diesem Buch erwähnten Weinbergbesitzer ehren den Wein insofern, als sie sich bemühen, mit dem, was ihnen die Natur gibt, den bestmöglichen Wein herzustellen.

Libanon, Bekaa-Tal
1 Château Musar

Frankreich, Bordeaux
2 Château Margaux
3 Château Latour
4 Château Lafite-Rothschild
5 Château Mouton-Rothschild
6 Château Haut-Brion
7 Pétrus
8 Château Cheval Blanc
9 Château d'Yquem

Frankreich, Champagne
10 Bollinger
11 Roederer
12 Krug
13 Veuve Clicquot

Frankreich, Bourgogne
14 La Romanée
15 La Romanée-Conti
16 Der Montrachet von Bouchard Père et Fils

Frankreich, Elsass
17 Domaine Weinbach
18 Zind-Humbrecht

Frankreich, Jura
19 Château d'Arlay

Frankreich, Côtes-du-Rhône
20 Château Grillet
21 É. Guigal
22 Château de Beaucastel

Frankreich, Languedoc
23 Mas de Daumas Gassac

Frankreich, Loire
24 Domaine Huet
25 La Coulée de Serrant

Italien, Toscana
26 Sassicaia

Italien Piemont
27 Bruno Giacosa
28 Gaja

Spanien, Kastilien-León
29 Bodegas Vega Sicilia

Portugal, Porto
30 Taylor's Port
31 Quinta do Noval

Deutschland, Mosel-Saar-Ruwer
32 Johann Joseph Prüm
33 Maximin Grünhaus

Deutschland, Rheingau
34 Schloß Johannisberg
35 Robert Weil

Ungarn, Tokaj
36 Der Tokajer

Österreich, Burgenland
37 Ruster Ausbruch

Südafrika, Kap-Provinz
38 Klein Constantia

USA, Napa Valley
39 Robert Mondavi und Opus One
40 Stag's Leap Wine Cellars

USA, Santa Cruz Mountains
41 Ridge Vineyards

Kanada, Niagara-Halbinsel
42 Inniskillin Icewine

Australien
43 Penfold's Grange

Neuseeland, Marlborough
44 Cloudy Bay

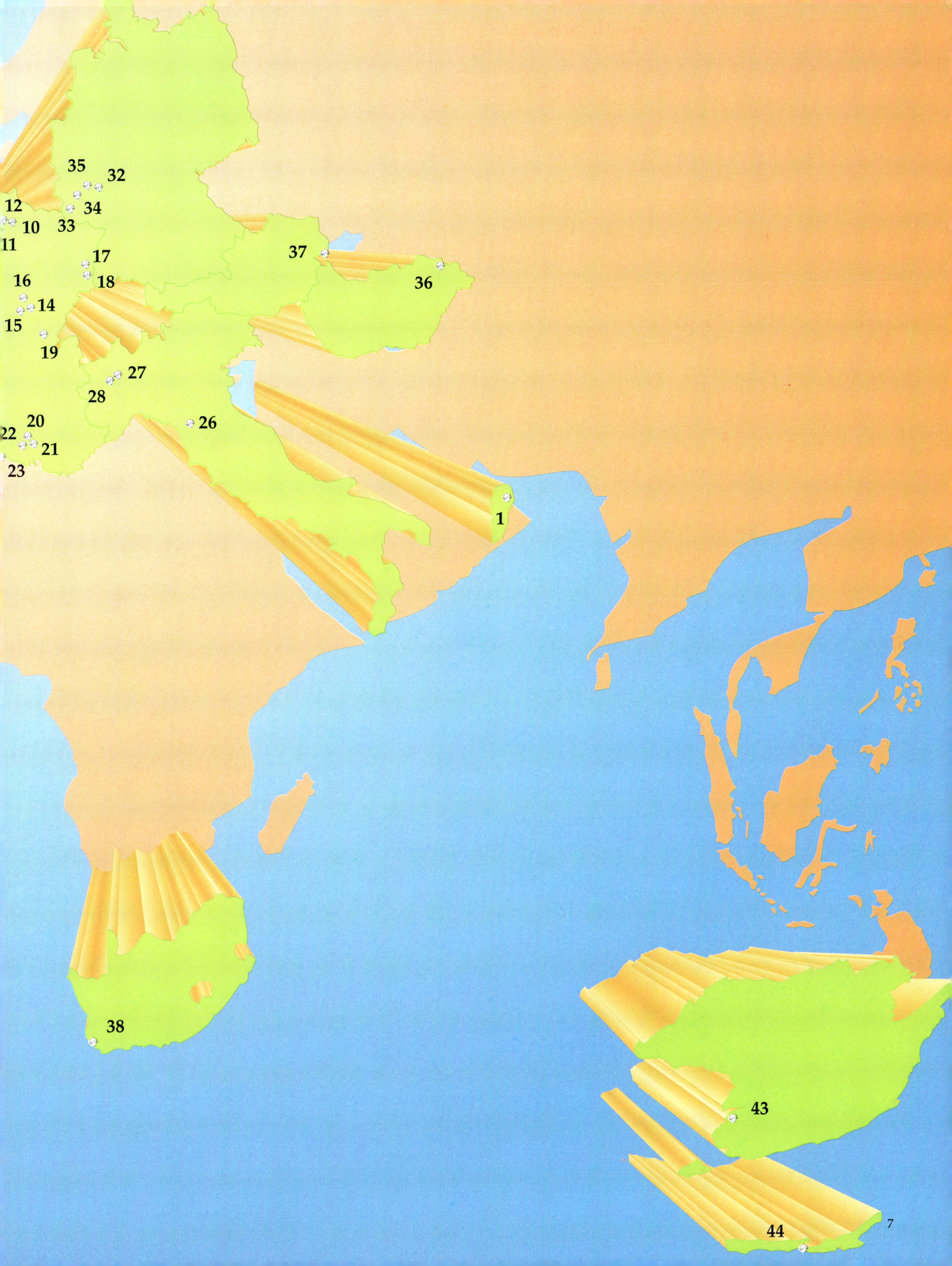

35
32
12
34
10
33
11
37
17
36
16
18
14
15
19
27
28
20
26
22
21
23
1
38
43
44

Château Musar

Im Jahr 1930 gründete Gaston Hochar Château Musar als Endergebnis einer mehrere Jahrtausende alten Tradition. Man kann tatsächlich sagen, daß der Musar allein die gesamte Weltgeschichte des Weines darstellt. Die Weinhistoriker behaupten, daß sein Ursprung etwa siebentausend Jahre zurückdatiert – in jener Region des Nahen Ostens, die den Libanon, die Türkei, Georgien und Syrien einschließt. Man kann sich also leicht vorstellen, daß die skandalösen Zechgelage Noahs auf die unmäßige Aufnahme der lokalen Spezialität zurückzuführen waren.

Wie dem auch sei – wenn eine präzise Lokalisierung der ersten Weinberge sich auch als schwierig erweist, bleibt eins sicher: Die Häfen von Byblos, Tyros und Sidon handelten als erste dank der Phönizier mit Wein. Den besten Beweis dafür liefern die über sechstausend Jahre alten Inschriften, die auf ägyptischen Fresken entdeckt wurden und von dem purpurroten Wein vom Berg Libanon berichten. Eben jene Phönizier trugen als Händler und Genußmenschen dazu bei, den Weinanbau im ganzen Mittelmeerraum, von Italien bis Griechenland und von Spanien bis Frankreich, zu verbreiten.

Heute ist die Ankunft in diesem Land aus zwei Gründen bewegend. Wie könnte man vergessen, daß dieser Kreuzpunkt der ältesten Kulturen sich mit Mut und Entschlossenheit bemüht, einen sechzehnjährigen Krieg zu beenden? In der Hauptstadt Beirut werden die Wundmale dieser schrecklichen Kämpfe an jeder Ecke sichtbar.

Einige zwanzig Kilometer nördlich der Hauptstadt sind die Kellerlager von Château Musar in dieser schmerzhaften Zeit nie untätig geblieben. Gegen Wind und Wetter hat die Familie Hochar die Herstellung ihres Weines fortgesetzt. Könnte man soweit gehen und sagen, daß die starke und einzigartige Persönlichkeit dieses großen Weines in direktem Zusammenhang mit dem beharrlichen Willen derjenigen steht, die ihn anbauen? Zweifelsohne. Abgesehen von einigen schnellen Ausflügen in alle Himmelsrichtungen zur Erhaltung des Interesses am Musar hat Serge Hochar, der mit seinem Bruder Ronald Musar leitet, den Libanon während des ganzen Krieges nie verlassen. In den schlimmsten Augenblicken der Bombardierungen weigerte er sich, seinen Tagesablauf zu ändern, und hielt sich wie gewohnt in seinem Büro oder in der Familienwohnung über den Lagern auf.

Um sich in diesem in keinerlei Hinsicht passiven Widerstand aufzubauen, genehmigte sich Serge Hochar jeden Tag den unterstützenden Genuß einer Flasche Château Musar mit jeweils unterschiedlichen Jahrgängen. Das Ritual war stets das gleiche: Der ganze Inhalt der kostbaren Flasche wurde in ein großes Glas aus Baccarat-Kristall gegossen und jede Stunde Schluck für Schluck verkostet. Auch wenn es um ihn herum Artilleriegeschosse hagelte, ließ sich Serge Hochar dennoch nicht davon abbringen, die Entwicklung seines Weines an der Luft zu prüfen. Die Leidenschaft für die Vortrefflichkeit läßt äußere Unruhen manchmal lächerlich unbedeutend erscheinen! Serge Hochar behauptet weiterhin, daß

Links: Der Weinberg von Musar liegt im Bekaa-Tal im Libanon in 1000 m Höhe.
Oben: Als Kreuzpunkt der ältesten Weinkulturen weist der Libanon zahlreiche Spuren davon auf, darunter dieses Basrelief mit Weinblättern am Bacchus-Tempel in Baalbek.

ihm seine fünfunddreißigjährige Erfahrung noch immer nicht ermöglicht, den Wein zu begreifen. Diese nicht vorgetäuschte Bescheidenheit erklärt den Vorrang, der in Musar dem ständigen Experimentieren eingeräumt wird, mit dem man dem Geheimnis der Entwicklung des Weines auf die Spur zu kommen versucht. Hochar geht von der Feststellung aus, daß jeder Wein in erster Linie die Arbeit mit einem lebendigen Material darstellt, und erachtet daher die Betrachtung seiner Entwicklung als wesentlich. Dies erklärt die lange Zeit, die zwischen Weinlese und Abfüllung einer Flasche Château Musar verläuft: sieben Jahre. Auch in manch anderer Hinsicht weicht Château Musar von den Schemata der modernen Weinbereitung ab. Der Verschnitt erfolgt anhand von Rebsorten aus dem Bordeaux-Gebiet und aus dem Rhône-Tal (Cabernet Sauvignon, Cinsault), um – so Serge Hochar – einen langlebigen Wein zu erschaffen. Man braucht nur einen 1970er Rotwein oder den hervorragenden, von Serges Vater bereiteten 1954er Weißwein zu kosten, um sich davon zu überzeugen. Wie könnte man hier nicht an Rimbaud denken: „Ja, sie ist erreicht. Was? Die Ewigkeit...", jene bereits im ersten bekannten Text über Wein erwähnte Ewigkeit, dem vor fünftausend Jahren in Mesopotamien verfaßten Gilgamesch-Epos: „Ich suche nach der Vielfältigkeit, die mich verwirrt und die außergewöhnliche Charaktere entwickelt; diese Weine haben ein intensiveres Leben, und ich suche nach dem Geheimnis der ewigen Jugend durch die Zufuhr von frischem Blut.

Oben: Der Frühling erreicht die Kellerlager von Château Musar.
Rechts: Eine Reifung von mindestens sieben Jahren, bis zum reifen Alter.
Rechte Seite: Der Krieg ist zu Ende, so muß man hoffen, aber er hinterließ Spuren bis in die Weinberge des Libanons.

Der Mensch ist der Wein. Ich kann all meine Geheimnisse übertragen, niemand wird je einen Wein wie meinen machen."

Der Name Musar kommt vom Arabischen *m'zar*, das „Ort bemerkenswerter Schönheit" bedeutet. Die an das heutige, aus dem achtzehnten Jahrhundert stammende Schloß angrenzenden Lager und Keller, die tief in den Felsenberg ragen, beherbergen die wegen der langen Reifungszeiten nötigen großen Bestände.

Der Weinberg befindet sich circa 50 Kilometer vom Schloß entfernt im Bekaa-Tal in 1000 Metern Höhe. Diese Höhe und der Einfluß der bergigen Umgebung erklären das kühle Klima und die starken Variationen von einem Jahrgang zum anderen. Die Weinleser werden unter den Beduinenstämmen angeworben, die fast ständig durch das Tal ziehen, in dem die Römer einst den Tempel von Baalbek errichteten. Im Château Musar findet man die Geschichte und die Vielfalt des menschlichen Geistes wieder.

Oben: Die Reifung des Rotweins erfolgt in Kellern, die während des Krieges als Schutzraum dienten.
Rechts: Bacchus scheint in seinem Baalbeker Tempel über den Weinberg von Musar zu wachen.
Unten: Der Arrak mit dem unvergeßlichen Anisduft reift in Amphoren wie früher der Wein der Phönizier oder der Römer.

Verkostung

Die roten Château Musar-Weine verbinden den fruchtig abgerundeten Charakter der Cinsault-Rebe mit der festen Struktur des Cabernet Sauvignon. Diese Beschreibung ist jedoch zu kurz, um ihre außergewöhnliche Komplexität wiederzugeben. Da der Hersteller den Wein erst nach siebenjähriger Reifung auf den Markt zu bringen wünscht, beginnt die Verkostung mit einem 1989er.

◆ 1989
Die Nase ist faszinierend und schwankt ständig zwischen sauer und süß. Kaum glaubt man die Aromen einzufangen, schon entziehen sie sich und kommen dann wieder. Einem Gefühl großer Wärme folgt eine fruchtige Frische, wobei der Eindruck einer feinen Textur und gaumenumschmeichelnder Aromen fortdauert.

◆ 1983
Die starke und konzentrierte Nase erinnert durchaus an Gewürzmarmeladen. Im Mund entwickelt sich ein Eindruck von Stärke mit dem Geschmack eines durch langes Köcheln eingedickten Früchtekonzentrats. Weiterhin ahnt man die Finesse des Musar. Die Vortrefflichkeit des Weines wird wahrscheinlich in circa 20 Jahren erreicht.

◆ 1977
Fast 20 Jahre sind vergangen, und der Wein ist keineswegs alt. Man versteht, was Serge Hochar meint, wenn er sagt, er stelle langlebige Weine her. Die Nase verrät schwarze Johannisbeere und Tinte, wie bei einigen sehr jungen Weinen. Im Mund ist die Konzentration der Empfindungen so stark, daß dieser Wein jünger als der 1983er erscheint. Die Kombination aus Stärke und Finesse zeigt, daß Château Musar sich ständig entwickelt und mal diese, mal jene seiner Facetten preisgibt.

Château Margaux

Die besondere Stellung des Château Margaux beruht auf der Tatsache, daß er als einziger Cru classé den Namen seiner Appellation trägt! Dies war nicht immer der Fall. Die ersten Erwähnungen des Weinguts um 1750 belegen den Namen La Mothe, dessen Etymologie wie diejenige vieler anderer Médoc-Lagen, Lafite und Mouton, sich auf die von der Gironde durch große Kiessandanlandungen an diesen Stellen gebildeten Erdschollen bezieht.

Honoratioren und höhere Beamte, oft durch verwandtschaftliche Beziehungen verbunden, sorgten sehr frühzeitig für die Entwicklung dessen, was zu den Premiers Crus classés werden sollte, und Château Margaux bildet in dieser Hinsicht keine Ausnahme. Am Anfang des achtzehnten Jahrhunderts war sein Ruf als einer der führenden Weine des „neuen französischen Claret", von dem jeder ehrenwerte englische Edelmann ein oder zwei Barriques besitzen *mußte*, bereits gefestigt. Und die Tatsache, daß Château Margaux lange Zeit derselben Familie wie Château Haut-Brion gehörte, konnte zu diesem Ruf nur beitragen.

Wie diese Grund- und Handelssynergien auch immer gestaltet sein mochten – die Herstellung des Weines zu dieser Zeit wurde einem wunderbaren Mann, dem Sieur Berlon, anvertraut, der viele Innovationen einführte. An dieser Stelle muß allerdings der Kontext eines für einen neuen Weintypus sehr schnell wachsenden Marktes unterstrichen werden. Dieses in der Weinproduktion seltene Phänomen sollte zahlreiche wichtige Konsequenzen haben.

Um die steigende Nachfrage zu befriedigen, waren zunächst neue Rebstöcke nötig, und man kann sagen, daß die zu diesem Zweck im Médoc durchgeführten Anpflanzungen von den letzten Er-

Links: Die Kirche der Gemeinde Margaux war früher die Schloßkapelle, als diese noch La Mothe hieß.
Oben: Blick in den weitläufigen Keller von Margaux, der auch als „Kathedrale" bezeichnet wird. In ausschließlich neuen Barriques reifen Cabernet Sauvignon, Merlot und auch etwas Petit Verdot heran.

Oben: Margaux wurde 1811 vom Architekten Louis Combes erbaut und bleibt der Archetyp des Bordeaux-Châteaus.
Links: Das Innere, hier die Eingangshalle, schließt sich auf wunderbare Weise an den neo-klassizistischen Stil der Fassade an.
Unten: Die Bibliothek.

kenntnissen des Weinbaus und der Ampelographie (Rebsortenkunde) profitierten. So verschwand die alte vorherrschende Methode des Absenkens, nach der die Rebstöcke „in Haufen", also anarchisch gepflanzt wurden, was die Arbeit mit einem Pferd unmöglich machte. Die in Zeilen gepflanzten Rebstöcke erleichterten Pflege und Lese.

Man begann außerdem, die Auswahl der Rebsorten zur Erzielung des verlangten Weintypus – farbstark, aromatisch und gut reifend – ernsthaft zu studieren. Der Cabernet Sauvignon, der kräftige, farbstarke und in der Reife sehr blumige Weine ergibt, nahm wie selbstverständlich den ersten Platz ein.

Die Innovation der getrennten Bereitung von Weiß- und Rotweinen schließlich ist Berlons Verdienst. Bei dem Rückverschnitt wurde die damalige Methode angewandt und circa 10 Prozent Weißwein beigemischt. Vielleicht begründet sich darin der Ruf des Château Margaux als eines im Vergleich zu den anderen Premiers Crus des Médoc weiblicheren Weines. Diese Weißweintradition wird in Margaux im übrigen mit dem köstlichen Pavillon-Blanc noch immer fortgesetzt.

Mehrere Generationen später setzt Paul Pontallier, der aktuelle Leiter von Margaux, Berlons Werk fort. Er wurde in der Region von Sauternes geboren; die erste

Erfahrung eines großen Weines erlebte er mit zehn Jahren, als er an einem Glas Yquem nippte. Wie die meisten Verwalter der Grands Crus von Bordeaux gibt er dennoch zu, daß die alltägliche Berührung mit dem Außergewöhnlichen nicht zwangsläufig die beste Bedingung für eine objektive und globale Sichtweise darstellt. Für den Fachmann wie für den Laien umgibt den Namen eines prestigereichen Gutes durchaus eine offensichtliche beschwörende Kraft, aber wie kann man hinter den Legenden alle Elemente erspüren, die die Größe eines Weines und seine Überlegenheit über andere ausmachen? Ohne zu zögern antwortet Paul Pontallier, daß es in diesem Bereich sehr wohl den Begriff des Absoluten gibt. Diesem begegnet man, wenn sich bestimmte Weine mit einem sinnlichen Eindruck der Tiefe aufdrängen und man zu jenem Niveau einer Vollendung aus harmonisch entfalteten und ausgeglichenen Empfindungen gelangt. Wie in der Malerei oder in der Musik entspringe eine solche Sichtweise selbstverständlich einem Sinn für das Ästhetische. Und auch wenn der Schönheitskanon im Bereich der Weine genausowenig unveränderlich ist wie in der Malerei, ist Paul Pontallier der Meinung, daß es dennoch grundsätzliche Konstanten gibt – wie den Begriff der Ausgeglichenheit und der Harmonie. Es muß noch einmal hervorgehoben werden, wie sehr die Zeit zugunsten eines großen Weines spielt. Jung kann ein Wein sehr gut sein, aber erst die Zeit verleiht ihm seine Vollendung. Wenn überhaupt – denn wenn die großen Château Margaux auf die Jahre 1900, 1924, 1945, 1947, 1950, 1953 und 1961 zurückgehen, ist der Abstand, so Paul Pontallier, seit diesem letzten Jahrgang ungenügend, um ein Urteil fällen zu können.

Diese Bemerkung, die von den meisten Vertretern der Châteaux in der Region von Bordeaux vertreten wird, sollten sich viele zeitgenössische Kritiker zu eigen machen. Nichts anderes meinte Charles Cocks bereits 1846: „Eine erhebliche Zeit muß vergehen, bevor man endgültig über irgendeinen Jahrgang urteilen kann."

Verkostung

In den 80er Jahren gab es eine Reihe außergewöhnlicher Jahrgänge – darüber sind sich alle einig. Dennoch können diese Weine durch zwanzig oder dreißig weitere Jahre an Qualität gewinnen, um so mehr im Falle des Château Margaux, der sich tatsächlich variabler verhält als die anderen Premiers Crus. Erst dann, wenn er diesen Zustand der von einem jeden großen Wein unzertrennlichen Komplexität überwunden hat, wird Margaux jene Verbindung von Finesse und Kraft ergeben, die ihn zum Muster eines großen Bordeaux-Weines macht. Die großen in Margaux seit 1982 produzierten Jahrgänge sind zu vollmundigen, geschmeidigen und außerordentlich schmackhaften Klassikern der modernen Zeit geworden.

Château Latour

Schon seit sehr langer Zeit konnten jene beiden unzertrennlichen Völker, die Engländer und die Franzosen, einander nie begegnen, ohne sich zu bekriegen oder Geschäfte miteinander zu machen, manchmal beides gleichzeitig. Im Hinblick auf die eine oder die andere dieser Hypothesen erhielten die Herren von Pauillac 1331 das Vorrecht, einen befestigten Turm zu errichten. Kaum sechs Jahre später waren Plantagenets und Valois wegen kleinlicher, ihre jeweiligen Kataster betreffender Grenzsteinsetzungsprobleme in Streit geraten, und Mars sollte Merkur bald verdrängen – der Hundertjährige Krieg begann. Die Folge für Pauillac: Die Festung wurde von den Kriegführenden zerstört, ohne daß dies allerdings einen merklichen Einfluß auf die Gesamtentwicklung des Konfliktes gehabt hätte. Aber die Geschichte des Ortes verlangte nach einem Turm. Als alles wieder in Ordnung gekommen war, konnte im siebzehnten Jahrhundert der Turm umgebaut werden, der heute noch besteht. Was das „Latour" betrifft, ermöglicht es das umfangreiche im Schloß erhaltene Archiv, seine Geburtsstunde im achtzehnten Jahrhundert festzulegen, in der Zeit also, die einer ungeheuren Begeisterung für diese in allen wohlhabenden Gesellschaftsschichten Europas sehr gefragte Art Wein entspricht. In neuerer Zeit blieb das Anwesen von 1863 bis 1963 im Besitz derselben Familie, und in diesen hundert Jahren entwickelte und verfestigte sich der Ruhm von Château Latour. Das Gut gehörte einige Zeit einem britischen Konzern, 1993 kam es in den französischen Schoß zurück.
Anläßlich der berühmten Klassifizierung der Médoc-Weine 1855 gelang es Château Latour, sich unter den besten, d.h. unter den Premiers Crus classés, zu plazieren. Neben dieser an sich schon ausreichenden Bezeichnung führt Latour weiterhin den Zusatz „Grand vin de Château Latour" in Großbuchstaben auf dem

Oben: Die Rebstöcke ziehen einen unvergleichlichen Nutzen aus diesen als „Graves" bezeichneten Kieselböden.
Rechts: Die bei der Pariser Weltausstellung von 1900 verliehene Auszeichnung.
Unten: Das Eßzimmer des Schlosses.

Oben: Der Turm, der dem Gut seinen Namen, seinen Grenzstein und sein Symbol verleiht.

Etikett, und dies, um jede Verwechslung mit den anderen auf dem eigenen Gut produzierten Weinen, wie zum Beispiel dem hervorragenden Forts de Latour, auszuschließen. Sein so unverwechselbarer Stil ist derjenige, den er seit drei Jahrhunderten betont pflegt: der Stil eines lagerfähigen, eher strengen jungen Weines, der sich aber zu einer unvergleichlichen Finesse entwickeln kann.

Das Gut, das die Mündung der Gironde überragt, erstreckt sich um das Schloß. Oft sagt man, daß große Weine aus armen Böden stammen, und in den meisten Weingütern der Welt mit armen Böden überwiegt der Hangverband. Dort ist nämlich auf Grund der Erosion die Erdschicht dünner als im Tal, und die natürliche Neigung gewährleistet die für das gesunde Wachstum der Reben notwendige Drainage. Doch hier findet sich im Médoc wie in den Graves kein Hangverband, es gibt nur weite, sehr flache Weinberge, die manchmal einige Bodenwellen wagen. Wie ist dann zu erklären, daß dieser Boden so viele Weine unter den besten der Welt hervorbringen kann? Zum Teil, weil hier eine spezifische Drainage erfolgt. Der Boden des Médoc wurde nach und nach durch die Anlandungen der Garonne – jenes Flusses, der seit Jahrtausenden all die Kieselschichten abgelagert hat, die er von seiner Quelle in den Pyrenäen an mit sich führt – angereichert. Auf der linken Seite der Gironde-Mündung, in der Region von Pauillac, können diese mit Ton vermischten Schichten bis zu vier Meter Tiefe erreichen. Die sehr kieselreichen Böden von Latour ziehen aus diesen Kieseln, den sogenannten Graves, einen unvergleichlichen Vorteil: Sie können gleichzeitig eine natürliche Drainage und eine für den Wein ideale Lage gewährleisten, da die Steine die Sonnenwärme speichern und wieder freigeben. Außerdem bietet das Klima in der Region von Bordeaux die besten Bedingungen für die Weinproduktion: Die Sonnenstrahlung ist ausgeglichen, die Nähe des Ozeans gleicht eventuelle extreme Temperaturen aus. Obgleich die Rolle der Geologie in Latour für die Eigenschaften des Weines entscheidend ist, muß das vollkommene Gleichgewicht von Böden und Klima unterstrichen werden. Aus dieser Harmonie entspringt der Begriff des Terroirs, der den meisten Produzenten hochwertiger Weine so lieb ist.

Für die Verwalter von Château Latour zielten die seit circa zwanzig Jahren im Bereich der Weinbereitung errungenen Fortschritte hauptsächlich darauf, die jungen Rotweine zugänglicher zu machen. Denn wenn man einen großen Wein zu sehr verherrlicht, besteht durchaus die Gefahr, ihn gleichsam heiligzusprechen und daher jedes Gefühl von Genuß zu unterdrücken. Beim Wein wie in anderen Bereichen müssen Glanz und Elend zu einem Gleichgewicht finden. Der Mensch kann dazu beitragen, indem er enthüllt, was verborgen war. Der heutige Château Latour braucht keine zwanzig Jahre, um sich zu offenbaren.

Verkostung

Die großen Château Latour spiegeln die großen Bordeaux-Jahrgänge wider: 1945, 1955, 1961 und 1970. Dennoch gelingt es Latour, auch in durchschnittlichen Jahren gelungene Weine hervorzubringen – zur größten Freude der weniger betuchten Liebhaber, die auf diese Weise 1957er, 1960er, 1964er und 1973er Latour zu erschwinglichen Preisen erwerben können.

Château Lafite-Rothschild

Wie soll man sich das Médoc des sechzehnten Jahrhunderts vorstellen? Wie eine wilde und sumpfige Region, in die nur die Jagd Leben brachte, die sich mit friedlichen und anspruchslosen Schafen dieses unwirtliche Gebiet teilte. Von Wein war kaum die Rede. In dieser Zeit wurde er auf anderen Lagen, im allgemeinen in der Nähe von Bordeaux, wie zum Beispiel auf den Graves, angebaut oder stammte aus den Höhen von Cahors, Bergerac oder Gaillac, die allesamt Weine produzierten, die dank einer dehnbaren geographischen Auffassung beim Verkauf zu Bordeaux-Weinen wurden. Die Überreste, die im Médoc von der Existenz von Weinbergen zeugen, zeigen in der Tat, daß es sich lediglich um einen Zusatzanbau handelte. So war das Gebiet von Lafite 1572 in nicht weniger als sechzig Bauernhöfe unterteilt, die hauptsächlich Weizen anbauten. Zugegebenermaßen mag der heute durch das Médoc Reisende einige Schwierigkeiten haben, sich diese Lage vorzustellen, denn der Wein ist hier allgegenwärtig, und die großen Châteaux scheinen für eine als unwandelbar betrachtete Vergangenheit zu bürgen. Dennoch sollte das Médoc diesen relativen Rückstand schnell aufholen. Der ungeheure Aufschwung der Bordeaux-Weine für die angelsächsischen Märkte bereits am Ende des siebzehnten Jahrhunderts führte Parlamentarier und Händler aus Bordeaux bald dazu, Grundbesitz im Médoc zu erwerben und dort zahlreiche Anpflanzungen zu unternehmen. Diese frenetische Kaufbegeisterung war nicht unbemerkt geblieben, und so sprachen mehrere Beobachter der Zeit bedenkenlos von einer „Bepflanzungswut". Es ist kein Zufall, wenn die ersten angebauten Parzellen den Gütern entsprechen, die über ein Jahrhundert später zu den Premiers Crus classés werden sollten. Denn all diese Investoren zeigten Spürsinn und erkannten das Potential jener Böden, bei denen die Tiefe der drainierenden Kieselschicht am größten ist – wie bei den Böden von Haut-Brion, deren Ruf bereits bekannt war. *Primus inter pares* unter all diesen Pionieren war aber Nicolas-Alexandre, Marquis de Ségur, dessen Macht unerreicht blieb. Er war Vorsitzender des Parlaments von Bordeaux in der ersten Hälfte des achtzehnten Jahrhunderts sowie auch Besitzer von Latour, Lafite und Mouton, ganz zu schweigen von Calon-Ségur und anderen kleineren Weingütern. Er war ein eleganter Mann. Der Glanz der Knöpfe seines Schoßrocks erweckte die Neugier Ludwigs XV., doch es waren keine Diamanten, sondern lediglich schöne geschliffene und polierte Steine aus seinem Weinberg. Der „Präzedenzfall Fouquet" war allen noch deutlich in Erinnerung, das Schlimmste wurde abgewandt, nicht jedoch sein Spitzname „Fürst der Weinberge". Schließlich ist Ségur die deutliche Abgrenzung der Gebiete von Lafite und Mouton zu verdanken, die die Erschaffung von zwei Weintypen mit sehr ausgeprägten Eigenschaften ermöglichte.

Kaum war die Tinte auf den letzten Utrechter Verträgen trocken, schon vergaßen Engländer und Franzosen für einige Zeit die jahrhundertelangen Zwistigkeiten und widmeten sich mit um so größerer Begeisterung wieder dem Handel. Die Kanonen ver-

Linke Seite: Château Lafite gehört zu den ersten im Médoc am Anfang des achtzehnten Jahrhunderts angesiedelten weinanbauenden Châteaus.
Oben: Die Salons spiegeln die zweite Hälfte des neunzehnten Jahrhunderts wider, die Zeit, während deren Lafite in den Besitz von James de Rothschild kam.

Oben: Der rosa-lilafarbene Putz der Gebäude erinnert an den Trub.
Links: Das neue Barriques-Kellerlager ist unterirdisch – im Médoc eine Seltenheit.
Unten: Der grüne Salon.

stummten, und die Flaschen füllten sich. 1715–1720 ist auch die Zeit, in der ein Wein aus Lafite zum ersten Mal erwähnt wird. Bereits 1719 konnte Lord Bristol zahlreiche französische Weine – darunter auch „La Fite claret" – beziehen, ohne bzw. fast ohne auf Listen zur Umgehung der Steuer oder schlimmer noch der Beschlagnahme der französischen Nektare zurückgreifen zu müssen. Der Premierminister Sir Robert Walpole versorgte um 1730 jedes Quartal seine schöne Residenz von Houghton Hall mit guten Lafite-Barriques. Der Regierungschef scheute sich im übrigen genausowenig wie die Peers des englischen Königreichs, Weine französischer Herkunft als portugiesische Weine anzumelden, um niedrigere Einfuhrgebühren bezahlen zu müssen. Man versteht nun, warum die Statistiken der Zeit über die Bestimmungsorte der französischen Weine erstaunlich unzuverlässig sind.

Dagegen verfügt man durch die Sammlung aller Lafite-Jahrgänge über eine ausreichend fundierte Basisdokumentation, die es ermöglicht, die Grundlinien seiner Geschichte zu kennen. Der Jahrgang 1793 fehlt als einziger, und dies aus gutem Grund: Als der damalige Besitzer, der Gerichtspräsident Pichard, von den revolutionären Machthabern in einer „ihn betreffenden Angelegenheit" vorgeladen wurde, mußte das Rebmesser der Guillotine weichen.

In der Folgezeit und trotz der Krisenjahre, die Napoleons Niederlage folgten, konnte sich Lafite durchaus geschickt aus der Affäre ziehen und seinen Marktwert deutlich höher halten als seine Nachbarn, selbst die berühmtesten. Der Jahrgang 1844 wurde für viertausendfünfhundert Francs die Flasche, d.h. doppelt so teuer wie Margaux oder Latour verkauft. Elf Jahre vor der berühmten Klassifizierung von 1855, die in Ermangelung besserer Kriterien die Hierarchie der Crus de Médoc anhand der vorher festgestellten erzielten Preise aufstellte, konnte dies für Lafite nur von Vorteil sein. So ging Château Lafite-Rothschild daraus als erster der Premiers Crus classés hervor.

Heute noch dauert der Mythos von Lafite mit all seinen Vorstellungen und Rätseln fort. Das Schloß, die Residenz des Barons Eric de Rothschild, wurde 1868 von seiner Familie erworben. Wer das Gut zu besichtigen wünscht, braucht Ausdauer, ja gar Beharrlichkeit, um das komplexe, aus Anträgen für Anhörungen bei einem Pariser Büro bestehende Ritual für einen Besuch durchzustehen, der erst ein halbes Jahr später stattfinden kann.

Was die Verwalter betrifft, die seit kurzem Technische Direktoren genannt werden, so behalten sie ihre traditionellen Funktionen als Intendant, Faktotum und Maître Jacques. Um so besser, vor allem, wenn man die zentrale Rolle kennt, die sie bei der Erhaltung und Entwicklung des Weingutes gespielt haben, darunter Joseph Goudal, der legendäre Verwalter von Lafite im neunzehnten Jahrhundert. Sein heutiger Nachfolger Chevalier, Sohn eines Winzers wie viele seiner Kollegen auch, räumt ohne Umschweife ein, daß der Wein unzählige Berührungen, Austausche, *in situ*-Überprüfungen erfordert, bevor sich die notwendigen Anhaltspunkte nach und nach ergeben.

Das Etikett eines großen Weines ist zwar nicht neutral. Bei weitem nicht. Es ist der Träger der Geschichte und der Legende, die beide durch die Vorstellung des Kosters sublimiert werden. Aber die Wahrheit eines Weines befindet sich seiner Meinung nach immer im Glas. Erst dann kommt die Einschätzung der Vielfalt der Stile, der Nuancen und der Empfindungen, alles, was Wein so spannend macht.

Verkostung

Ein großer Wein ist Gegenstand endloser Diskussionen, regt zur Erklärung an und zwingt zur Überlieferung, denn man kann einen solch intensiven Genuß nicht für sich behalten. Einzig die Umstände seiner Verkostung lassen die unvermeidliche Subjektivität unberührt.

Und man kann einen jungen Wein für das einzige, aber märchenhafte Gefühl mögen, man würde in eine Traube beißen. Dann kommt mit der Reife die Zeit der Harmonie, in der die Essenzen des Terroirs ihren genauen Ausdruck finden. Dies kennzeichnet einen großen Wein. Beim Lafite ist es die Eleganz, die beim jungen Wein an Zurückhaltung grenzt. Erst mit der Zeit – manchmal nach fünfzehn Jahren oder mehr – kommen seine glatte Textur und seine unvergeßlichen Düfte zum Vorschein.

Château Mouton-Rothschild

Prunk und Größe – diese Wörter geben den Eindruck des Besuchers, der die Schwelle des Château Mouton-Rothschild überschreitet, ziemlich gut wieder. Alles ist adrett, hübsch und überaus gepflegt: Gebäude von altmodischer Würde integrieren sich harmonisch in das Grün des Parks und der Gärten, und hundert Jahre alte Bäume fügen – als wäre es nötig – eine zusätzliche majestätische Note hinzu. Wahrscheinlich beruhte die Einrichtung des Anwesens in seiner aktuellen Form auf einem ästhetischen Grundsatz, und eines steht fest: Mouton-Rothschild ist ein Kunstwerk. Und so begegnet man der These des Weinhistorikers Roger Dion wieder, für den die Kenntnis der großen französischen Weinberge ohne Berücksichtigung des Stils und der Absichten der Menschen nicht denkbar ist. In mehr als einer Hinsicht erblickt man hinter Mouton die Saga der Rothschilds .

Als er 1922 die Leitung des Gutes übernimmt, erbt der Baron Philippe einen als Second Grand Cru de Médoc klassifizierten Mouton-Rothschild. Sein Leben lang wird Philippe de Rothschild nichts unversucht lassen, um diesen für sein Empfinden unbefriedigenden Rang zu ändern. Aber die berühmte Klassifizierung von 1855, über die schon viel Tinte verspritzt worden war, drängte sich wie die Gesetzestafel auf und duldete keinen Widerspruch. Worum ging es dabei? Anläßlich der Pariser Weltausstellung von 1855 hatten es die Gutsbesitzer des Médoc für angebracht erachtet, eine Klassifizierung in fünf Ränge entwickeln zu lassen. Diese äußerst

Links: Die 30.000 Besucher, die jährlich Mouton besichtigen, kommen sicherlich wegen des Weines, aber auch wegen der Ruhe und der beschaulichen Schönheit des Parks.
Oben: Hier haben sich Stil und Wille der Menschen durchgesetzt.

schwierige Aufgabe übertrugen sie den Maklern für Bordeaux-Weine, deren Gutachten nicht in Zweifel gezogen werden würde. Die Beurteilung eines Weines erwies sich als komplexe Angelegenheit. Denn wie hätte bei einer einzigen vergleichenden Verkostung jener für den Wein so entscheidende Zeitfaktor berücksichtigt werden können? Es ist, als würde man die Qualität eines Films aufgrund nur einer Einstellung beurteilen. Um dieses Hindernis zu umgehen, schätzten die Makler, daß der Markt schließlich das beste Urteil über die Qualität eines Produktes ermöglichen würde, vorausgesetzt, man würde ihn über eine ausreichend lange Zeit beobachten. Von da an klassifizierten sie anhand der seit hundert Jahren registrierten Quoten die verschiedenen Châteaux in fünf Gruppen auf der Grundlage der durchschnittlichen, von jedem ihrer Weine er-

Oben: Während der schwierigen Gärungszeit möchte der Kellermeister von Mouton lieber in der Nähe seiner Bottiche schlafen als in seinem Bett.
Unten: Die Gärten von Mouton bei Sonnenaufgang.

zielten Verkaufspreise. So erhielten die Weine, die die höchsten Preise erzielt hatten, den Rang eines Premier Cru classé usw. Die offensichtliche grundsätzliche Grenze dieser Methode, die im übrigen zum Zeitpunkt der Klassifizierung die einzig mögliche war, lag in der Tatsache, daß sie spätere eventuelle Änderungen der Qualität der Weine nicht miteinbeziehen konnte.

Nachdem Baron Philippe also jahrelang gegen den unantastbaren Korpus gekämpft hatte, sah er seine Bemühungen endlich belohnt, als Mouton-Rothschild 1973 zum Premier Cru classé wurde. Die Berechtigung dieses Ranges sollte ihm übrigens nie abgesprochen werden. Philippe de Rothschild war ein in vieler Hinsicht bemerkenswerter Mann und ein wahrer Wegbereiter – war er doch der erste, der die Flaschenabfüllung seiner gesamten Lese im Schloß durchführte, während seine Konkurrenten gewöhnlich die Barriques an die Händler verkauften. Er zeigte sich auch als Vorreiter, als er Maler bzw. Zeichner beauftragte, die Etiketten für seine Jahrgänge zu illustrieren. Für den 1924er Jahrgang beauftragte er den damals berühmten Jean Carlu. Aber dieser Versuch, der von den meisten Kennern als zu gewagt erachtet wurde, mußte vorübergehend unterbrochen werden. Man mußte bis 1945 warten, bis jeder der Mouton-Jahrgänge ab diesem Zeitpunkt mit einem von einem berühmten Künstler signierten Etikett versehen wurde. Den von Baron Philippe eröffneten Weg sollten später andere Weingüter mit unterschiedlichem Erfolg beschreiten, aber er bleibt der Initiator dieser symbolischen Verbindung von Kunst und Wein. Was die Künstler betrifft, die an dem wunderbaren Unternehmen teilnahmen, gleicht die Liste ihrer Namen einer Anthologie der modernen Malerei: Picasso, Bacon, Cocteau, Braque, Dali, Moore, Alechinsky, Miró, Kandinsky, Motherwell, Warhol oder Batthus. Um seine Liebe für die Kunst und die schönen Gegenstände zu vervollkommnen, gründete Philippe de Rothschild im Schloß ein Museum, in dem rund dreißigtausend Besucher jedes Jahr eine unvergleichliche Sammlung über den Wein in der Kunst bewundern können. Philippine de Rothschild führt das Werk ihres Vaters fort und lenkt heute das Schicksal des Weingutes. Für sie sind Wein und Kunst unzertrennlich, denn beide entspringen demselben kulturellen Anspruch. Umgeben von einem anerkannten und kompetenten Team gesteht sie weiterhin ihre Faszination von der Zuneigung dieser Menschen für das Terroir von Mouton und seinen Wein. Und diese Kompetenz und diese Hingabe wurden belohnt, als nach der Gärung die ersten Säfte der 1995er Lese flossen: ein farbstarker und aromatischer Wein, der nur begeistern konnte. Dennoch bleibt der Begriff „großer Wein" – es muß an dieser Stelle noch einmal hervorgehoben werden – für alle, auch für den Produzenten, ein relativer Begriff, wenn letzterer auch ein breiteres Referenzspektrum besitzt als andere, da er über alle in seinem Gut hergestellten Jahrgänge verfügt sowie auch über die konkurrierenden Weine, die er naturgemäß regelmäßig verkostet. Dies erklärt, unterstreicht Philippe Cottin, daß es nicht jedes Jahr einen „großen" Mouton geben kann: Die Natur und das Glück, zwei große Unbekannte, sorgen dafür, eine langweilige Eintönigkeit zu vermeiden. Für diesen Wahl-Bordelaiser führt der Begriff des großen Weines, der in den 50er Jahren aufkam, zu einer sozusagen körperlosen Auffassung des Weines, da sie allein mit Mitteln und Kriterien verbunden ist, über die Käufer und Hersteller verfügen. Wer Größe sagt, meint stillschweigend Überschreitung: Der zeitliche Abstand um mindestens eine Generation ist nicht die geringste Bedingung, um die Vortrefflichkeit eines Weines erkennen zu können.

VERKOSTUNG

♦ *Mouton-Rothschild 1994*
Die Nase erinnert an eine Konzentration dunkler Früchte. Im Mund ist der Eindruck vollmundig und langanhaltend. Die frische Note im Abgang verleiht dem Ganzen Gleichgewicht.

♦ *Mouton-Rothschild 1990*
Die Farbe zeugt von dem Beginn der Entwicklung zur Reife hin. Die Nase bleibt anfangs jung, mit den Aromen dunkler und roter Früchte. In Kontakt mit der Luft entwickelt sie sich und entfaltet animalisch geprägte Akzente. Im Mund ist der Wein gleichzeitig ölig, streng und zeigt eine verhaltene Kraft, die elegant bleibt.

Château Haut-Brion

Als Produkt zeitlicher und örtlicher Umstände kann sich der Wein dem Zeitgeschmack nicht entziehen. Auch wenn er mit der Zeit verbunden ist, auch wenn seine Natur ihrem Wesen nach eine kulturelle Erscheinung ist, bleibt er eine individuelle Angelegenheit: die des Geschmacks des Menschen. Und dieser ändert sich. Es fällt schwer, sich die Eigenschaften des Weines im kaiserlichen Rom vorzustellen und zu beschreiben, doch die Fachleute sind sich alle darüber einig und betonen, daß er mit dem heutigen Wein wenig gemein hatte. Mit den Bordeaux-Weinen, deren Stil sich seit dem Mittelalter stark verändert hat, verhält es sich ähnlich. Die Entwicklung der Herstellungstechniken und neue Konservierungsmethoden trugen über die lange Zeit zum Erscheinen neuer Verbrauchergenerationen mit spezifischen Geschmacksansprüchen bei. Man mag es vergessen haben, aber in der Region von Bordeaux überwog bis zum siebzehnten Jahrhundert die Herstellung von Weißweinen und jenen Rosé- bzw. hellroten Weinen, die die Engländer als „Claret" bezeichneten. Der Schriftsteller Samuel Pepys schrieb in seinem Tagebuch: „Ich habe einen französischen Wein namens Ho-Bryan getrunken, der gut schmeckte. Es war der eigentümlichste Geschmack, der mir je begegnet ist." Dies sind die ersten Spuren einer neuen Entwicklung im Stil der Bordeaux-Weine und der erste Ausdruck der Rolle, die einige Großgrundbesitzer später unter anderem bei der Erschaf-

Links: Ein Wohnsitz, der einem seiner berühmten Besitzer Ehre gemacht hätte: Talleyrand, der dennoch nie hier wohnte.
Oben: Das einzige Gut der Graves-Region, das 1855 mit drei Médoc-Châteaux, und später vier, klassifiziert wurde.

fung von dem, was im neunzehnten Jahrhundert zur Klassifizierung der Grands Crus führte, spielen sollten. Im Hinblick auf diese Klassifizierung belegt Pepys' Zeugnis – abgesehen von der Rechtschreibung –, daß Château Haut-Brion in der Region von Bordeaux „der älteste mit dem höchsten Rang" ist.

Als Pepys sein erstes Glas Haut-Brion genoß, hieß der Besitzer Arnaud de Pontac. Sein Urgroßvater hatte das Schloß südlich von Bordeaux auf jenen kargen Böden errichten lassen, die man aufgrund ihrer Zusammensetzung aus *Graviers*, also Kieselsteinen, und Sand als Graves bezeichnet. Eben diese Böden sollten in Bordeaux wie anderswo beweisen, daß die besten Weine im allgemeinen aus den unfruchtbarsten Böden stammen. Neben diesem technischen Aspekt hatte Arnaud de Pontac sehr schnell verstanden, daß das Beste sich am teuersten verkauft, und bemühte sich, ständig zu investieren, um die Qualität seines Weines zu vervollkommnen.

Seitdem folgten viele, oft berühmte Besitzer in der Leitung von Château Haut-Brion aufeinander – darunter Talleyrand, damals Außenminister, der das Gut zwischen zwei internationalen Verhandlungen 1801 erwarb. Man hat nie erfahren, ob der ehemalige Bischof von Autun sich damit eine Versorgungsquelle anstelle der Messen sichern wollte, die er schon lange nicht mehr las! 1935 fiel der Besitz dem New Yorker Finanzmann Clarence Dillon zu, der trotz der schweren wirtschaftlichen Krise die zur Entwicklung eines solchen Weingutes notwendigen Investitionen ermöglichte. In neuester Zeit stattete Château Haut-Brion 1961 die Gärkeller mit Edelstahlanlagen aus – eine Premiere im Bordeaux-Gebiet, das im allgemeinen dem reinen Holz ergeben war –, die seitdem aber schnell von allen Châteaux übernommen wurden.

Während Haut-Brion früher auf dem freien Lande lag, ist es heutzutage von der schönen Stadt Bordeaux eingeschlossen. Als einziger Graves unter den Premiers Grands Crus classés steht er neben den größten Weinen aus dem Médoc:

Haut-Brion, der älteste der Grands Crus des Bordeaux-Gebietes, lag früher außerhalb der Stadt. Heute werden Weinberg und Schloß von der rasenden Verstädterung Bordeaux' umzingelt, was Haut-Brion zum städtischsten der großen Weine der Welt macht. Trotz dieses begrenzten Raumes hat der Leiter des Gutes, Jean-Bernard Delmas, in Haut-Brion eine wunderschöne Sammlung unterschiedlicher Rebsorten zusammengestellt. Diese Sammlung macht aus Haut-Brion in mehr als einer Hinsicht eine „Reserve".

Oben: Im Reservekeller des Schlosses schlummert eine beeindruckende Sammlung älterer Jahrgänge.
Unten: Eine Reihe berühmter Besitzer. Von links nach rechts: Arnaud de Pontac, Charles-Maurice de Talleyrand-Périgord und Pierre-Clarence Dillon.

Margaux, Latour, Lafite-Rothschild und Mouton-Rothschild. Notfalls könnte er die A.C. Pessac-Léognan beanspruchen – nach dem Namen seines im nördlichsten Teil der Region von Graves liegenden „Lehensgebietes“.

Haut-Brion hat in seinem ampelographischen Museum die größte Sammlung von Stecklingen und Rebstöcken zusammengestellt – unvergleichliches Zeugnis der außerordentlichen Vielfalt der Pflanzenwelt, der der Wein entspringt. Für M. Delmas, den Leiter von Château Haut-Brion, setzt der Begriff „großer Wein“ die Zusammenführung mehrerer Elemente voraus: Ort, Wetter und Zeit. Sich in diesem Bereich religiös zu bekennen und also zu behaupten, daß ein Wein ein großer Wein ist, erfordert unzählige Verkostungen, von den Umständen dieser Verkostungen ganz abgesehen. Die Natur ist launisch, und der Zugang zu diesem Begriff muß ihre Variabilität berücksichtigen. Das Außergewöhnliche ist der Feind der Kontinuität, es wäre illusorisch, jedes Jahr einen großen Wein zu erwarten.

Die Klassifizierung des Haut-Brion

Bei der Klassifizierung von 1855 wurde Haut-Brion zu den Médoc-Weinen gezählt, allerdings nur für die Rotweine. Bei der 1959 beschlossenen Klassifizierung der Graves-Weine wurden ebenfalls nur die Rotweine berücksichtigt. Die Weißwein-Herstellung war damals beinahe bedeutungslos. Heute sind die weißen Haut-Brion immer noch selten – und auch sehr teuer.

Pétrus

Wie kann man sich die Suche eines Weinliebhabers nach dem Gebiet vorstellen, in dem der teuerste Rotwein der Welt, der mythische Château Pétrus, hergestellt wird? Prunk fällt einem spontan ein, doch die Wirklichkeit sieht ganz anders aus. Wenn man es mit einiger Mühe gefunden hat, erweist sich das Schloß als ein bescheidenes bürgerliches Haus, an das eine nicht minder gewöhnliche Scheune anschließt. Dies ist eine im Bordeaux-Gebiet, in dem seit dem achtzehnten Jahrhundert großer Wein auch Schloß bedeutet, seltene Besonderheit. Pétrus liegt allerdings am rechten Ufer der Dordogne, weit vom Dunstkreis des Médoc am linken Ufer der Gironde, an dem sich die großen Weine und die wunderschönen Weingüter entfalten. Und eben an diesem rechten Ufer der Dordogne finden sich zwei prestigereiche Appellationen: Pomerol und Saint-Émilion. Die Weingüter von Pomerol sind weniger alt als die Châteaux von Saint-Émilion und außerdem kleiner. Und schließlich ist ihr Name relativ neu, der weltweite Ruhm des Château Pétrus geht gerade auf die sechziger Jahre zurück.

Eine der Außenmauern von dem, was doch als Schloß bezeichnet werden muß, beherbergt eine kleine Petrusstatue. Angesichts der Bescheidenheit der Gebäude und des geringen Umfangs des Gutes schien Pétrus keineswegs zu der heute erworbenen Vortrefflichkeit prädestiniert. Zumal dieser Wein mit dem doch relativ abschreckenden Preis den Anspruch erhebt, vom Geschmack her der zugänglichste der großen Bordeaux-Weine zu sein.

Trotz der schweren tonhaltigen Böden, auf denen er wächst, gibt er sich frisch, ja fast zierlich und doch komplex. Die Lage des Château Pétrus auf einer leichten Anhebung der Hochebene mitten im Weingebiet von Pomerol verleiht ihm zwar zahlreiche Vorteile, unter anderem im Bereich der Drainage und der Fruchtbarkeit des Bodens, doch erklärt sie nicht allein die Eigenschaften des Weines, und es wäre gewagt, hier von einem spezifischen Terroir, d.h. von einer Gesamtheit aus Boden, Untergrund und Mikroklima zu sprechen. Als Großer unter den Großen weist dieser Wein mit dem noch jungen Ruhm zudem keinerlei äußere Anzeichen der modernen Kellertechnologie auf. Zementbottiche und Holzbarriques genügen.

Worin liegt also das Geheimnis des Pétrus? Roger Dion, einer der besten Weinhistoriker, behauptete immer wieder, daß man die Lage eines Qualitätsweinbergs nicht begreifen könne, wenn man es versäume, die Absichten der Menschen zu berücksichtigen. Pétrus verdankt seine Erhebung zum unbestrittenen Besten unter den Pomerol-Weinen ausschließlich der Hartnäckigkeit einer Frau: Mme. Loubat. Da sie nie hatte akzeptieren oder begreifen können, warum die Médoc-

Oben: Das Weingut von Pétrus erstreckt sich über weniger als zwölf Hektar.
Rechte Seite oben: Die Statue des Heiligen Petrus, der dem Gut seinen Namen verleiht.
Rechte Seite unten: Ein Gärkeller von klösterlicher Schlichtheit.

Auf Pétrus herrscht der Merlot. In diesen Barriques entfaltet er sich schneller als sein Vetter, der strengere Cabernet Sauvignon.

Weine sich teurer verkauften als ihrer, unternahm sie alles, um dies zu ändern. Es sind seither Jahrzehnte vergangen: Die Zeit, die man brauchte, um festzustellen, daß dieser Wein zu den Großen gehört.

Nach Meinung seiner Besitzer sind die Eigenschaften des Château Pétrus weniger geistig als beim Médoc und daher leichter zugänglich. Sein Register entspricht eher dem Spätbarock, hauptsächlich aufgrund der Tatsache, daß er aus 95 Prozent Merlot besteht, jener Rebsorte, die den Weinen der Region eine extrem hohe Konzentration fruchtiger Aromen verleiht. Der Pétrus kann aber auch als junger Wein eine gewisse, auf seine starke Konzentration zurückzuführende Strenge aufweisen.

Verkostung

◆ *Pétrus 1994*

Weine dieses Niveaus früh zu verkosten ist schwer. Sie müssen fünf bis zehn Jahre länger gelagert werden. Die Farbe ist stets sehr intensiv, vor allem beim jungen Wein. Die Nase ist frisch, elegant, mit einer klaren Frucht. Im Mund entwickelt sich zunächst der Eindruck einer großen Fülle. Der Wein läßt seine spätere Konzentration nur erahnen und wirkt etwas streng.

Château Cheval Blanc

Wie unter Pferden ein Schimmel eine Seltenheit darstellt, ist der Château Cheval Blanc ein Ausnahmewein unter allen großen Weinen der Welt. Und doch gehört er nicht zu den ältesten, denn er ist nicht einmal zwei Jahrhunderte alt. Das auf den Anhöhen des rechten Dordogne-Ufers stehende Château Cheval Blanc war ein namenloser Sprößling von Château Figeac, bis 1832 die Familie Fourcaud-Laussac 15 Hektar von diesem erwarb. Seitdem wurde ein langer Weg mit erstaunlicher Geschwindigkeit zurückgelegt. Das Prestige trug dazu bei; heute umfaßt das Weingut 37 Hektar, eine bescheidene Größe im Vergleich zu den „Latifundien" des Médoc, aber eine beträchtliche Größe für einen Saint-Émilion. Bei der Klassifizierung der Saint-Émilion-Weine, die 1955, ein Jahrhundert nach derjenigen der Médoc-Weine, erfolgte und 1985 und 1996 revidiert wurde, wurde Cheval Blanc gemeinsam mit Ausone als Grand Cru classé „A" eingestuft. Die Tatsache, daß das Gut seit 1832 derselben Familie gehörte, hatte zu diesem Ergebnis nicht unmaßgeblich beigetragen; diese Familie, die sich immer für das Weingut engagiert hatte, hatte erheblichen Anteil daran, den Ruf der Regelmäßigkeit der Cheval Blanc-Weine zu begründen. Das Château faßt mit harmonischer klassischer Schönheit seine Betriebs- und Wohngebäude und eine private Kapelle in einem wundervollen Park zusammen. Als Flankendeckung um das ganze Anwesen erstrecken sich würdevoll die tadellosen Rebstöcke. Die Rebstöcke auf dem Weinberg von Cheval Blanc, der im vorderen, an das Gebiet von Pomerol grenzenden Teil von Saint-Émilion liegt, sind auf unterschiedlichsten Böden gepflanzt: Kalk, Mergel und tonhaltigem Kalk. Eine weitere Besonderheit dieses Weines liegt in dem im Vergleich zu der „Bordeaux-Norm" ungewöhnlichen Sortenbestand. Hier weicht der Cabernet Sauvignon, den man erstaunlicherweise nicht vermißt, vor dem vorherrschenden Cabernet franc, ergänzt durch den Merlot, die Königsrebe der Pomerol-Weine, und eine kleine Menge Malbec.

Gleichgültig, welche Bestandteile es sein mögen – das Ergebnis ist da: Die Cheval Blanc-Weine sind von unvergleichlicher Finesse, und bei der Verkostung täuschen die jungen Weine den Verkoster auf der Suche nach Kraft. In Wahrheit sind diese Weine in jedem Alter gut und halten der Zeit wunderbar stand. Es ist immer schwierig und gewagt, diese oder jene Eigenschaft eines großen Weines einem einzigen Bestandteil zuzuschreiben, doch kann behauptet werden, daß die subtile Kombination zwischen den unterschiedlichen Böden und dem besonderen Sortenbestand die große Finesse des Château Cheval Blanc wahrscheinlich zu erklären vermag. Davon zeugt der Jahrgang 1975. Während viele Weine dieses Jahrgangs sich als hart und undankbar erweisen, zeigt Cheval Blanc hinlänglich seine Fähigkeit zur Eleganz und Ausgeglichenheit.

Château Cheval Blanc wird seit 1991 von Pierre Lurton geleitet, der aus einer in jedem Sinne des Wortes großen Familie aus der Region von Bordeaux stammt.

Linke Seite: Der Weinberg erstreckt sich um das Schloß auf sehr unterschiedlichen Böden.
Oben: Das Hauptgebäude ist von einer harmonischen klassischen Schönheit.

Für Pierre Lurton ist Cheval Blanc das Terroir, das weiterhin als Grundlage jeder Weinklassifizierung fungiert. Wer wäre nicht beeindruckt von der Rolle all der Ökosysteme, die das natürliche Leben beherrschen und unter anderem im Falle der besten Weinberge für eine frühe Reifung der Rebe sorgen und sie damit vor dem Einfluß klimatischer Zwischenfälle am Ende der Saison schützen? Und was die Rolle des Menschen betrifft, beruft sich Pierre Lurton auf den berühmten Önologen Emile Peynaud, nach dem „ein großer Wein *trotz* des Eingriffs des Menschen entsteht".

Dieser Bescheidenheit den Geheimnissen der Natur gegenüber begegnet man öfter bei den Herstellern großer Weine. Bescheiden angesichts der Sache begnügt sich der Mensch damit, eine möglichst genaue Vorhersage zu treffen und die natürliche Entwicklung der Dinge zu begleiten. Daraus ergibt sich die anerkannte Überlegenheit des Winzers über den Önologen, denn ein großer Jahrgang entsteht in der Tat hauptsächlich in den Weinbergen. Er soll den Boden abschätzen, was ihm jedes Jahr ermöglicht, die Parzellen vorzuwählen, die die beste Rebe ergeben sollen. „Und die Früchte werden halten, was die Blüten versprachen..." Und wenn alle Bedingungen erfüllt sind, ist es die Aufgabe des Kellerwirts, den langen Prozeß der

Weinreifung möglichst diskret zu begleiten. Diese Aufgabe obliegt dem Kellerwirt und seinem ganzen Team, denn dies ist keine einsame Arbeit, und das harmonische Verständnis innerhalb der Gruppe trägt maßgeblich zum Endergebnis bei. Wenn der Wein gemacht ist, kommt die Zeit des Ausbaus. Dies erfolgt für den Cheval Blanc wie für alle anderen großen Bordeaux-Weine in neuen Barriques, wobei die Dauer je nach den Eigenschaften des Jahrgangs variiert. Diese natürliche Art der Kellerbehandlung ermöglicht es dem Wein, sich langsam durch Schwere zu klären, und macht daher jede Filtration überflüssig, durch die er an Körper einbüßen könnte.

In den Kommentaren, die seine Einschätzung eines großen Weines begleiten, scheut sich Pierre Lurton nicht, auf einfache, alltägliche Bilder zurückzugreifen – ohne schulmeisterliche Hermeneutik oder Sprachverwindungen. Seiner Meinung nach soll ein Wein zunächst leichtverdaulich sowie angenehm zu trinken sein: „Kann man an einem zu starken Kaffee Genuß finden?" Und was die Fähigkeit eines eleganten Weines betrifft, „der Jahre unheilbaren Schaden" zu ertragen, erwähnt er die Wollkleidung, um seine Beweisführung zu begründen: Wer schützt besser vor Kälte, wer hält länger, ein dicker Pullover aus dicker Wolle oder ein weicher und dünner aus Kaschmir?

Zweifellos bedarf es einer gewissen Erfahrung und zumindest einer Grundausbildung, um von einem Wein sagen zu können, daß er ein großer Wein ist oder nicht. Aber wenn der Genuß sich einstellt, muß er immer spontan sein. Der vom Cheval Blanc vermittelte Genuß ist es, die Finesse kommt hinzu.

Linke Seite: Die Privatkapelle von Cheval Blanc. Man kann sich die Qualität des Meßweins vorstellen...
Oben: Der Park, der Schloß, Kapelle und Betriebsgebäude beherbergt.
Unten: Eine Familie, die schon immer in die Verwaltung des Weingutes eng einbezogen war.

VERKOSTUNG

◆ *Die guten Jahrgänge*

In der Stille seines Lagers beherbergt Cheval Blanc noch immer die legendären und hervorragenden folgenden Jahrgänge: 1921, 1934, 1947 (einer der seit jeher begehrtesten Bordeaux), 1949, 1952, 1955, 1964, 1966, 1970, 1978, 1982, 1983 und 1990 – ganz zu schweigen vom besonders gelungenen 1975er.

Château d'Yquem

Von allen wunderschönen Schlössern des Bordeaux-Gebiets ist Yquem die einzige echte mittelalterliche Burg. Die im zwölften Jahrhundert auf dem höchsten Punkt der Gemeinde Sauternes erbaute ehemalige Festung überragt das Garonne-Tal südöstlich von Bordeaux. Aber obgleich das Schloß selbst für sich beanspruchen kann, das älteste Bauwerk unter den Premiers Crus des Bordeaux-Gebietes zu sein, gelangte sein Wein erst Mitte des neunzehnten Jahrhunderts zu weltweitem Ruhm.
Das beeindruckende Haus zeugt an sich schon von der Geschichte der Region. Das Schloß, das von den Engländern erbaut wurde, als sie über drei Jahrhunderte Aquitanien besetzt hielten, erinnert durch den Namen Yquem an den Familiennamen Montaignes, Eyquem. Besteht zwischen den beiden Namen ein Zusammenhang? Offenbar nicht, außer einer gemeinsamen germanischen Etymologie: dem zusammengesetzten Wort „aig-helm", wobei *aigan* „haben" bedeutet und *helm* den mittelalterlichen Rüstungshelm bezeichnet. Das Schloß wurde 1592 von der Familie Sauvage d'Yquem erworben, deren letzte Erbin Françoise Joséphine 1785 den Grafen Louis Amédée de Lur-Saluces heiratete. Der direkte Nachkomme aus dieser Ehe, Alexandre de Lur-Saluces, war lange Zeit Promotor und mit seiner Familie einer der Besitzer von Yquem. Mehrheitsverhältnisse unter den Eignern ließen es zu, daß das Château 1996 an einen Großkonzern veräußert wurde, der sich auch vielseitig in der Champagne engagiert hatte. Die Details des Verkaufs blieben etwas rätselhaft; bei Redaktionsschluß gab es sogar Gerüchte, daß er eventuell rückgängig gemacht wird.

Links: Yquem ist das einzige echte mittelalterliche Schloß unter den prestigeträchtigen Bordeaux-Crus.
Oben: Die Önothek des Schlosses birgt Flaschen, die auf das letzte Jahrhundert und darüber hinaus zurückgehen.

Man darf, wie immer es ausgegangen ist, froher Hoffnung bleiben: Yquem lebt weiter in bekannter Vitalität.

Es gibt offensichtlich keine Kontinuität ohne Beharrlichkeit und keinen großen Wein ohne Fortdauer. Diejenige einer Flasche Yquem wird nicht in Jahren, sondern in Generationen gemessen.

Die Lage hilft manchmal dabei, die Natur der Bestandteile eines großen Weines zu begreifen. In Yquem überrascht der subtile Kontrast zwischen der extremen Sanftheit der Landschaft und der strengen Pracht eines über so viele Jahrhunderte gereiften Schlosses. Wie ein Fels in einem Meer aus goldenen, fast seidenen Rebstöcken erhebt es sich stolz inmitten der sanft abfallenden Hänge, die sich langsam bis zur Garonne hinunterkräuseln.

Wenn man morgens auf dem Anwesen ankommt, wenn der Dunst vom Garonne-Tal aufsteigt, bereitet sich der Geist bereits auf einen besonderen Augenblick

Oben: Die Flagge des Regiments von Saluces.
Linke Seite: Der wie ein Garten gepflegte Weinberg von Yquem wird noch nach den alten Anbaumethoden „gehäufelt", um die Rebstöcke vor der winterlichen Kälte zu schützen.
Unten: Das Innere des Schlosses trägt die Patina der jahrhundertealten Geschichte von Yquem. Alles hier verbindet Majestätisches und bäuerliche Schlichtheit.

Die Verbindungen von Yquem

Eine alte Flasche Yquem verdient es, alleine getrunken zu werden. Die Verbindungen mit Jahrgängen aus den letzten zwanzig Jahren können selbstverständlich Gänseleberpastete, aber auch erstaunlicherweise Roquefort begleiten.

vor, denn eben dieser Morgendunst ist für den Cru von Yquem von entscheidender Bedeutung. Er ist es nämlich, der zum Zeitpunkt der vollen Reife der Trauben die Bildung jener zu einem frühen Zeitpunkt gefürchteten und hier so wertvollen Krankheit auslöst, die man als „Edelfäule" bezeichnet. Es ist für alle großen lieblichen Weine der Welt kennzeichnend, daß die Reben vor der Lese diese Phase der Fäule erfahren haben müssen. Sie ist das Werk eines kleinen Pilzes, der *Botrytis cinerea*, unter dessen Einfluß die Traubenhaut schrumpft, ohne zu bersten, was eine Konzentration des Zuckergehaltes verursacht. Nur die Hersteller edelsüßer Weine sind an dieser Form der Fäule interessiert, die im übrigen erst im letzten Stadium der Traubenreife und unter ganz bestimmten meteorologischen Bedingungen – Feuchtigkeit am Morgen und heiße Tage – vorkommt. Diese klimatischen und hygrometrischen Parameter finden sich in allen Regionen der Welt wieder, die große liebliche Weine hervorbringen: an Mosel, Saar, Ruwer sowie im Rheingau, in der Pfalz und Rheinhessen in Deutschland, im Tokaj in Ungarn, am Neusiedlersee in Österreich, im Elsaß, wo die Weinlese spät erfolgt, oder auf einigen Terroirs des Loiretals in Frankreich, und natürlich in der Region von Sauternes.

Ohne kommerzielle Absatzmöglichkeiten ist ein großer Wein über kurz oder lang zum Scheitern verurteilt. In diesem Fall wandte sich das Blatt zum Guten, als der erste Präsident der USA, George Washington, 360 Flaschen Yquem für seinen persönlichen Keller bestellte.

Für den Grafen von Lur-Saluces, dessen weitere Verbindung zu Yquem bei Drucklegung unklar war, erfordert die Verkostung eines großen Weines die Fähigkeit zum Staunen sowie auch einen unerläßlichen Augenblick der Besinnung, um die eigenen Empfindungen zu erwägen, ja gar um zu versuchen, die Art der Verbindung zu ergründen, die zwischen dem Wein und dem Verkoster entsteht. Aber in den meisten Fällen bleibt das Geheimnis unberührt, denn einen großen Wein zu produzieren ist in erster Linie Sache des Menschen. Das Engagement des Teams auf dem Château zeugt hinlänglich von der vollkommenen Hingabe an Yquem: „Unsere Leute machen genauso den Wein wie der Boden und die Sonne", urteilte Alexandre de Lur-Saluces.

In Yquem herbsten nur die Frauen, denn die Lese Traube für Traube erfordert extremes Feingefühl und extreme Geduld. Aber die Vortrefflichkeit hat ihren Preis: Es gibt Jahre ohne Yquem, wie 1910, 1952, 1964, 1972 oder auch 1974.

Bollinger

Die Champagne ist das nördlichste Weingebiet Frankreichs. Offensichtlich liegt in dieser besonderen geographischen Lage der Ursprung der beiden Techniken der Méthode champenoise: des Verschnitts und des Perlens. Dieses ursprünglich spontane natürliche Phänomen sollte im Laufe der Zeit, unter anderem dank des Interesses, das einige englische Amateure im siebzehnten Jahrhundert diesem Wein entgegenbrachten, begriffen und beherrscht werden. Ein kühles Klima wie das der Champagne ist der Herstellung feiner und leichter Weine zuträglich, wobei diese Eigenschaften notwendig sind, um das Aufschäumen zu erreichen. Was den Verschnitt betrifft, kann man in bezug auf den Champagner ohne Übertreibung von einer wahren Kunst sprechen – der Kunst, die verschiedenen, aber einander ergänzenden Eigenschaften der drei Grundrebsorten, des Pinot noir, des Pinot meunier und des Chardonnay, miteinander zu verbinden. Außerdem bietet die Vielfalt der Böden und Lagen der Weinberge der Champagne eine ganze Palette von Möglichkeiten und Nuancen, die die Deklinationen des Verschnitts ins Unendliche vervielfachen. Jeder Champagner-Hersteller hat also nach und nach seinen eigenen Stil aufgebaut und verfeinert. Der „Haus"-Stil ist das, was einen Champagner am besten von einem anderen unterscheidet. Der Stil von Bollinger ist zweifellos sehr eigenständig und eine Folge deutlich getroffener und mit Geduld von den Generationen der aufeinanderfolgenden Leiter dieses Familienunternehmens verwirklichter Entscheidungen. Bollinger möchte betonen, daß die Geschmackseigenschaften jedes seiner Weine sich klar und deutlich herausstellen müssen, inklusive des meistverkauften Weines, des Brut non millésimé. Der Charakter ergibt sich in der Tat aus einer subtilen Synthese moderner Techniken und traditioneller Methoden. Dies bezeichnet Ghislain de Montgolfier, der aktuelle Leiter des Hauses, als eine „für die modernen Technologien offene Introspektionsarbeit".

Ein im Champagne-Weinberg traditioneller Grenzstein, der eine der Bollinger gehörenden Parzellen kennzeichnet.

Oben: Das schöne bürgerliche Haus von d'Aÿ, der Firmensitz von Bollinger.
Links: In diesem Raum ruht das, was die Eingeweihten nur durch die Anfangsbuchstaben bezeichnen: der RD – „récemment dégorgé", also kürzlich degorgiert. Diese Reifung dauert circa zehn Jahre.

Zwei Bollinger-Weine „außerhalb der Norm", der RD (für „récemment dégorgé", also kürzlich degorgiert) und der Vieilles Vignes françaises, sind einer genaueren Betrachtung wert, denn sie veranschaulichen den Geist eines großen Weines. Es geht in diesem besonderen Fall darum, den gesamten Prozeß der Weinherstellung (von dem Trieb bis zum Glas) durchzuführen und dabei einzig und allein die Kohärenz des Ganzen und die Qualität des Endprodukts im Auge zu haben. Man kann sich leicht vorstellen, daß eine solche Vorgehensweise, die jegliches Wirtschaftlichkeitsdenken ausschließt, strengste Logik und finanzielle Opfer erfordert. Aber ohne diese Einstellung gibt es offenbar keine großen Weine. Der RD zeugt deutlich von Bollingers Willen, diese Vorgehensweise konsequent durchzuführen und dabei im Rahmen der Traditionen der Champagne zu bleiben, zu beweisen, daß ein großer Champagner reifen kann, und den Kunden ideale Verkostungsbedingungen zu bieten. Bollinger scheut sich nicht, einen Teil seiner Jahrgangsweine acht bis vierzehn Jahre zu behalten, während die Champagne bekanntermaßen die meisten Jahrgangsweine ab sechs Jahre vertreibt. Die Liebhaber können also einen Champagner genießen, der die Vielfalt des Geschmacks beibehalten hat, die durch eine lange Flaschenlagerung entstanden ist, da der Wein in Berührung mit den Hefen aus der zweiten Gärung geblieben ist.

Der Vieilles Vignes françaises seinerseits bildet eine Ausnahme in der Champagne bzw. im gesamten französischen Weingebiet, denn er stammt aus Rebstöcken, die wie in den vergangenen Jahrhunderten – „in Haufen" – angebaut werden. Bis zum Ende des neunzehnten Jahrhunderts breiteten sich in Europa die mehr oder weniger anarchisch verteilten Rebstöcke auf dem Boden aus und pflanzten sich durch die Methode des Absenkens fort, die darin bestand, von einem Mutterstock einen jungen Ableger einzupflanzen, der Wurzeln schlagen sollte. Der Nachteil dieser Methode liegt in der Tatsache, daß dadurch eine hohe Dichte von Stöcken unterschiedlichen Alters und Ertrags erzeugt wird. Darüber hinaus hatte die zeilenlose Anordnung zur Folge, daß alle Arbeiten per Hand erfolgten, da kein Zugtier durch die Rebstöcke dringen konnte. Die Ankunft der Reblaus besiegelte das Ende des „Haufen"-Anbaus. Das Erscheinen der Blattlaus namens *Phylloxera vastatrix* in Europa war ab 1860 für die Zerstörung der einheimischen Pflanzen ursächlich und zwang den Winzern nach jahrzehntelangen Versuchen die heutige Technik auf, die darin besteht, den Rebstock auf eine gegen das Insekt resistente Unterlage zu pfropfen. Man nutzte die Gelegenheit, die Rebstöcke zeilenweise zu pflanzen und so die Mechanisierung einiger Arbeiten zu ermöglichen. Aus noch immer unerklärlichen Gründen widerstanden drei kleine Parzellen des Bollinger-Weinbergs der Reblaus und werden heute noch per Hand bebaut. Die Früchte dieser wenigen Rebstöcke, die früher mit dem Rest der Lese des Unternehmens verarbeitet wurden, sind seit 1969 ausschließlich für den Vieilles Vignes françaises reserviert, dessen Name daran erinnert, daß er nicht wie der gesamte Champagner-Weinberg aus Rebunterlagen amerikanischen Ursprungs stammt. Die Produktion ist streng geheim auf die besten Jahrgänge begrenzt.

Verkostung

◆ *Spéciale cuvée*

Starke, durch die Aromen von Trockenfrüchten geprägte Nase. Im Mund bestätigt sich dieser Eindruck der Stärke sowie einer großen Festigkeit. Die Reintönigkeit des Stils spiegelt die Geradlinigkeit des Hauses wider. Der langanhaltende Geschmack zeugt von der Qualität des Weines und seiner Behandlung.

◆ *RD 1982*

Die längere Reifung und die Berührung des Weines mit den Hefen, die für die Kohlensäureentwicklung gesorgt haben, drücken sich in den gleichzeitig frischen und schweren Düften aus, die an den Geruch von Brioche und Toast erinnern. Im Mund überrascht das Paradoxon eines älteren Weines, der aber noch sehr jung wirkt. Eine sehr schöne Flasche für die Jahrhundertwende.

Roederer

Die Geschichte des Hauses Louis Roederer führt ins achtzehnte Jahrhundert zurück. Es wechselte sehr früh den Besitzer, kam aber merkwürdigerweise später in den Besitz der Nachkommen Louis Roederers zurück. Einer von ihnen, Jean-Claude Rouzaud, leitet es heute. Diese lange Geschichte ist für die großen Champagner-Häuser kennzeichnend, auch wenn einige von ihnen von Konzernen mit unterschiedlichen Tätigkeitsgebieten aufgekauft wurden.

Eine Besichtigung der Gebäude dieses Unternehmens genügt, um zu begreifen, wie sehr die aufeinanderfolgenden Goldenen Zeitalter der französischen Champagner-Weine das ästhetische Empfinden der Einwohner der Champagne geprägt haben. Die besonders schönen und sorgfältig restaurierten Häuser des Roederer-Anwesens zeugen von diesen verschiedenen Epochen. In den Weinlagern und Kellern wurde die Synthese der Funktionalität und der Ästhetik auf sehr schöne Weise erreicht. Der Keller der „vins de réserve" von Roederer insbesondere stellt mit seinen ordentlichen Reihen großer, mit Szenen über die Arbeit im Weinberg und die Weinbereitung geschnitzter Holzfuder eine in der Champagne einzigartige Pracht dar. Die Praxis, die darin besteht, die für den Verschnitt der Weine ohne Jahrgangsangaben bestimmten Reserveweine in Holzfudern zu behalten, ist dem Hause Roederer eigen. Aber diese Methode allein erklärt bei weitem nicht die Qualität der Weine des Hauses. Ein Weinberg in den besten Lagen der Champagne, die ständige Pflege der Weinbereitung,

Links: Das Haus Louis Roederer besitzt einen der schönsten Weinberge der Champagne.
Oben: Prächtige, sorgfältig restaurierte Gebäude im Herzen von Reims.

die Vervollkommnung des Verschnitts sowie die Dauer der Reifung tragen jeweils zum Endergebnis bei. Der Kellermeister ist der Mann, der den Wein aufbaut. Roederers Kellermeister heißt Michel Pansu. Für ihn besitzt ein großer Champagner drei Haupteigenschaften: Finesse, Kraft und Fruchtigkeit – zu gleichen Anteilen. Auf dieser Basis muß sich das Grundgleichgewicht eines Champagner-Weines aufbauen, wobei jede der drei Eigenschaften von bestimmten Teilen des Weinbergs stammt. Dieses Gleichgewicht ermöglicht es, den Stil eines jeden Roederer-Weines zu formen. So ist der Brut Premier kräftiger, während der Cristal mehr nach Finesse sucht, wobei die Verwendung des Holzes in der Weinbereitung oder während der Reifung dem Wein eine kleine persönliche Note verleiht. Mit qualitativ hochwertigen Urweinen entsteht die Komplexität eines großen Weines mit der Zeit.

Zu welchem Anlaß kann man einen großen Wein trinken? Die Frage bringt Michel Pansu zum Lächeln. Er erzählt sogar, daß er sich seine beste Geschmackserinnerung nach einem Forellenangelausflug im Gebirge in seinem Gedächtnis eingeprägt hat, als er mit Freunden eine Flasche Cristal aus normalen Gläsern trinken mußte. Ein großer Wein ist mit einem intensiven Erlebnis verbunden, der Anlaß muß nicht zwangsläufig förmlich sein.

Oben: Der Frontgiebel des Unternehmens, Boulevard Lundy, in Reims.
Rechts: Eine handgravierte Sammler-Magnumflasche Cristal.
Unten: Der Empfangssalon.

Verkostung

Bei Roederer begründet die Cuvée Cristal den Ruf des Hauses. Diese Cuvée wurde 1876 auf Wunsch des Zaren Alexander II. erschaffen, der eine besondere Cuvée in Kristallflaschen bestellt hatte.

◆ *Cristal 1989*
Die Nase ist präzise, konzentriert und direkt. Er ist relativ jung und daher noch diskret, aber er zeigt schon subtile Noten nach Trockenfrüchten. Er ist überraschend stark im Mund. Die Textur scheint cremig und füllt den Mund mit einem Eindruck der Frische.

◆ *Cristal 1985*
Komplexe Nase aus fruchtigen und würzigen Noten. Bei der Verkostung scheint der Wein noch jung, gut strukturiert, mit einer starken Präsenz im Abgang. Man ahnt, daß seine Textur weicher zu werden beginnt. Im allgemeinen stellt Roederer Weine von großer Eleganz her.

Krug

Liest man die Firmennamen vieler Champagner-Hersteller, kann man nicht umhin, über die Anzahl deutsch klingender Namen zu staunen, darunter Krug, Bollinger, Deutz, Taittinger und Roederer. Diese Familien, die zwischen dem Ende des achtzehnten und der Mitte des neunzehnten Jahrhunderts aus dem Rheinland kamen, gründeten in der Champagne Dynastien, die sich der Herstellung des berühmten ungestümen Weines widmeten, der Frankreich weltweit verkörpert. Vier aus zwei Generationen stammende Mitglieder der Familie Krug arbeiten vollzeitig im Unternehmen und tragen so den Namen Johann-Josephs weiter, der 1843 die Firma Krug gründete. Alle Weine des Hauses gären wie damals in Eichenbarriques, ein Einzelfall in der Champagne. Die Krug-Champagner werden erst nach einer wesentlich höheren Reifungszeit als die der anderen Hersteller verkauft. Diese für die Region erstaunlich geschmacksstarken Weine werden auf einem ihre Qualität widerspiegelnden Preisniveau angeboten: einem hohen. Muß man noch erwähnen, daß Rémi Krug wie kein anderer von seinen Weinen und den mit der Verkostung eines großen Weines verbunden Empfindungen erzählt? Offenbar ist Krug in der Champagne ein Sonderfall.

Worin besteht aber das Geheimnis der Krug-Champagner? Oder handelt es sich nicht um ein Geheimnis, sondern um jenen auf einem jahrhundertealten Know-how beruhenden Willen, der sich zu einem an den Erfahrungen sich selbst bereichernden Stil entwickelt? Der Ausbau eines jeden Weines setzt eine peinliche Sorgfalt bei jeder Prozeßetappe und eine große Flexibilität dem Unerwarteten gegenüber voraus. Dies um so mehr, als der Kellerleiter, der in der Champagne den Verschnitt durchführt, sich oft um zwei bis fünf Jahre in die Zukunft projizieren muß. Für Henri Krug, den für die Weine des Hauses Verantwortlichen, ist die Angelegenheit noch viel heikler: Der Zeitpunkt ist bei acht bis zwölf Jahren festgelegt. Die Zeit muß zum Verbündeten werden.

Auch wenn die Weine sich durch Boden und Klima voneinander unterscheiden, so ist es der Mensch – so Rémi Krug –, der bei dem Spiel mit den unzähligen Variationen eines bestimmten Themas den entscheidenden Part übernimmt. Ihm obliegt es, die Weine zu pflegen, die kleinen Eichenfässer wie früher zu polieren (dies nennt man „saboter"), ein vergessenes Potential wieder zum Leben zu erwecken. Der seltenste Wein der Krug-Palette, der Clos-du-Mesnil, ist das beste Beispiel, um diese Philosophie zu illustrieren. Während in der Champagne überwiegend Weine aus unterschiedlichen Parzellen und Rebsorten verschnitten werden, stammt dieser Champagner von einer einzigen Rebsorte, dem Chardonnay, und einer einzigen mauerumschlossenen Parzelle. Dieser 1971 aufgekaufte Weinberg wurde zu verschiedenen Zeitpunkten mit unterschiedlichen Chardonnay-Klonen neu bepflanzt. Erst vierzehn Jahre nach dem Erwerb dieses Weinberges wurde 1985 der erste Clos-du-Mesnil verkauft. Um einen großen Wein herzustellen, sind also Weitsicht und allerlei Mittel erforderlich – von der Tatsache ganz abgesehen, daß es ohne Kunden keine großen Weine gibt.

In dieser Hinsicht sind Krugs der Meinung, daß man nicht notwendigerweise bis ins Detail eingeweiht sein muß, um einen großen Wein zu schätzen zu wissen. Neugier, etwas Empfindsam-

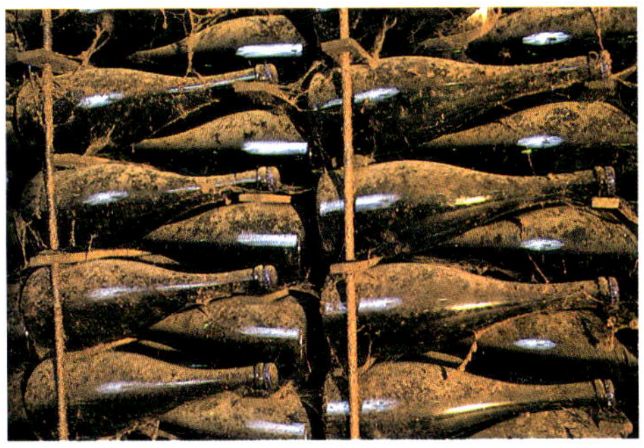

Linke Seite: Diese Radierung vom Ende des letzten Jahrhunderts zeigt den Clos-du-Mesnil im Zentrum des Dorfes Mesnil sur Oger. Der Weinberg ist vollständig von einer Mauer umgeben; er profitiert von einer ungewöhnlichen Lage.
Oben: Die Krug-Flaschen warten geduldig auf die Wirkung der Jahre.

keit, die Bereitschaft, zu empfangen, und die Fähigkeit, zu verweilen, sind ausreichende Bedingungen für die Erregung der Sinne, wenn man auf den Wein eingehen *will*. Das Wissen kommt später, aber es ist nicht die Hauptsache.

Mit Ausnahme seines Preises, der den Zugang zwangsläufig einschränkt, ist der Krug kein Wein für Eingeweihte. Dies ist die Bescheidenheit der Großen! Andererseits bemüht sich Krug mehr als jedes andere Haus, das unerschöpfliche Thema der erlesenen Verbindung der eigenen Weine mit den Gerichten zu behandeln, und schenkt den Reaktionen und Empfindungen seiner Kundschaft dabei stets Gehör. Seine weltweite Präsenz in der Gastronomie ist der beste Beweis dafür.

Rémi Krug bleibt ein leidenschaftlicher Verfechter der Bedeutung des Augenblicks für die Enthüllung des Geschmacks eines großen Weines.

Krug-Verkostung

◆ *Krug Grande Cuvée*

Unter den Krug-Weinen ist dies der Wein ohne Jahrgangsangabe, den Krug lieber als „Mehrjahrgangswein" bezeichnet, denn diese Cuvée beinhaltet Weine aus fast zehn verschiedenen Jahrgängen. Für die Leiter des Hauses ist dies der Archetypus des Krug-Stils, und sollte Krug nur einen einzigen Wein haben, wäre es dieser! Die Nase ist zunächst streng und zurückhaltend und vermittelt den Eindruck einer zurückgehaltenen Stärke. Nach einigen Minuten im Glas entwickeln sich sehr komplexe Aromen mit mineralischen und fruchtigen, leicht rauchigen Akzenten. Im Mund sind die von einem Krug vermittelten Eindrücke erstaunlich. Er verhält sich zunächst langgliedrig am Gaumen, dann entwickelt sich schnell eine Reihe von Vibrationen zwischen Gaumen und Zunge, die jedesmal wieder auftreten, wenn man diesen Wein kostet. Der allgemeine Eindruck ist eher langanhaltend und vollmundig im Geschmack, verändert sich ständig im Laufe einer Verkostung, die ohne Eile erfolgen sollte.

◆ *Krug Vintage 1985*

Die Nase ist direkter und kräftiger als bei der Cuvée spéciale. Diese Betonung rührt von dem Jahrgangswein her, der wie ein Solist aus dem Orchester hervorsticht. Im Mund entfaltet sich die anfangs intensive Konzentration der Aromen zu einer langanhaltenden Spur mit spitzem Abgang. Die Vollmundigkeit entfaltet sich dann mit dieser für die Weine des Hauses charakteristischen Vibration. Die Textur ist insgesamt fast ölig. Nach der allmählichen Temperierung des Weines enthüllen sich die Aromen in aufeinanderfolgenden Schichten vom Fruchtigen zum diskret Holzigen und Würzigen. Trotz der Stärke bleibt der Eindruck von Frische.

Linke Seite: Die Rüttelpulte (oben), durch die bei Krug die Handarbeit fortbesteht. Krug hat seinen eigenen Böttcher am Ort (unten).
Oben: Der 1971 vom Haus Krug erworbene Clos-du-Mesnil wurde vollständig neu bepflanzt.
Unten: Die Fässer werden vor dem Befüllen ausgespült.

Veuve Clicquot

Wenn ein Champagner, der seit über zwei Jahrhunderten die Welt erobert hat, seinem Motto – „Eine einzige Qualität, die allerbeste" – treu geblieben ist, ist es ein wahres Vergnügen, seine Geschichte zu erzählen. In einem solchen Unternehmen sind Menschen und Fakten selbstverständlich von Mythen und Legenden umgeben. Aber ist die Sublimierung nicht geradezu die Fortsetzung der Wahrheit mit anderen Mitteln? Sicher ist die offizielle Geburtsstunde des Clicquot: der 3. Januar 1772, als Philippe Clicquot in einer Anzeige in der *Gazette de France* ankündigte, er „gründe eine Weinhandlung namens Clicquot". Dieser ehrgeizige Neunundzwanzigjährige hatte die feste Absicht, den Weinhandel „grenzüberschreitend" zu fördern. Es sollte nicht lange dauern: 1780 erreichte ein erster Korb Moskau – ein Vorspiel zum phänomenalen Erfolg im Land der Zaren. 1798 beteiligte Philippe Clicquot seinen Sohn, der mit vierundzwanzig Jahren gerade Nicole-Barbe Ponsardin geheiratet hatte, an seinem Geschäft. Aber im Jahre 1805 drohte eine kaum begonnene Geschichte zu Ende zu gehen. François Clicquot starb frühzeitig, und seine Frau war es, die entschied, das Unternehmen nicht zu schließen. Energisch stellte sich Mme. Clicquot dem Schicksal und ging in die Geschichte ein.

Sie war alles andere als eine zarte Frau, und schon vier Monate nach dem Tod ihres Mannes hatte sie Geschäftspartner gefunden und ihre eigene Gesellschaft gegründet. Dies sollte der Beginn einer großen Herrschaft, aber auch der Anfang zahlloser Schwierigkeiten sein. Im beginnenden neunzehnten Jahrhundert war es

Links: In der Champagne kaufen die großen Häuser einen Teil ihrer Reben bei Winzern an und sichern somit das wirtschaftliche Überleben zahlreicher kleiner Dörfer.
Oben: In vielen Kellern der Champagne wird die Länge der Gänge in Kilometern gemessen.

nicht gerade einfach, eine Geschäftsfrau zu sein. Sie mußte der Mißbilligung ihrer Familie trotzen, mit der wirtschaftlichen Flaute fertig werden, in die die napoleonischen Kriege Europa gestürzt hatten, die Zufälligkeiten der Schiffstransporte umgehen und das Desaster der Kontinentalsperre überwinden. 1814 sollte das Jahr des Triumphes sein: Mit dem Frieden bekamen die Geschäfte einen neuen Aufschwung, der Kometenwein verließ sofort Le Havre in Richtung Sankt Petersburg. Um die ständig wachsende Nachfrage zu befriedigen, sollten weitere Schiffe folgen. Mme. Clicquot war weltweit bekannt und bewundert und bekam den Spitznamen Grande Dame de la Champagne. Sie war eine zielstrebige Frau, die sich leidenschaftlich für ihr Produkt einsetzte, das das beste sein sollte, denn es verpflichtete sie mit ihrem Namen und ihrem Ruf. Der Weinberg Veuve Clicquot ist mit seinen 286 Hektar einer der allerersten in der Champagne. Je nach Jahren erfüllt der Weinberg 25 bis 30 Prozent der Bedürfnisse des Hauses, die übrigen Reben werden von langjährigen Vertragspartnern geliefert. Unter allen traditionellen Rebsorten der Champagne bevorzugt das Haus den Pinot noir, der 40 Prozent seines zwischen dem Montagne de Reims und dem Großen Marne-Tal gelegenen Weinbergs ausmacht. Er sorgt für die für den Stil Veuve Clicquot charakteristische Struktur und Langlebigkeit. Der Chardonnay, der auf der Côte des Blancs wächst, verleiht den Verschnitten Eleganz und Finesse. Der Pinot meunier trägt auf interessante Weise zu den originellen fruchtigen Noten und der guten Verbindungseigenschaft einiger Cuvées bei. Und wenn der Clicquot-Weinberg nicht weniger als 340 Parzellen umfaßt, deren Reben mit Rücksicht auf die Reinheit der Gewächse und Rebsorten gekeltert und verarbeitet werden, liegt das daran, daß die Natur launisch ist und daß nur eine solche Verschiedenartigkeit den Önologen die breiteste Verschnittpalette bieten und jeder Cuvée das bestmögliche Profil verleihen kann. Auf dem kreidehaltigen Boden der Champagne sind die Reben stark, die Menschen müssen diese Kraft bändigen –

zuviel Holz schadet der Laubdichte –, die Produktion beschränken – wenn die Trauben zu zahlreich sind, reifen sie schlecht – und schließlich den Fortbestand der Stöcke sichern. Da der Rebstock hier eine Lebensdauer von durchschnittlich dreißig Jahren hat, sind es dreißig Zyklen,

Linke Seite, oben und unten: Die Salons des von Edouard Werlé, dem Nachfolger von Mme. Clicquot, erbauten Hôtel du Marc. Oben: Die berühmte Mme. Clicquot. Unten: Diese alten Fässer liegen in den Kellern zum Gedenken an Mme. Clicquot. Die Namen der Crus, die sie bevorzugte und mit denen sie ihre besten Cuvées fertigte, sind hier mit Kreide aufgeschrieben.

während deren immer wieder geschnitten werden muß, um die Natur zu zähmen, die das Beste aus sich herausgeben soll. Es geht um die Qualität der Früchte.

Den Reserveweinen hat das Haus schon immer eine große Bedeutung beigemessen: Dank eines hochwertigen Verschnitts, wenn die Natur sich launisch zeigt, sorgen sie für die Fortdauer des Stils. Die Reserveweine werden jedes Jahr einer Blindverkostung unterzogen, um ihre Entwicklung zu überprüfen. Mit der natürlichen Dominanz des Pinot noir im Verschnitt haben sie von Veuve Clicquot angebauten Weinen eine ausgeprägte Persönlichkeit verliehen. Es bleibt nur zu hoffen, daß der Aufkauf des Unternehmens durch einen „wirtschaftlich" ausgerichteten Konzern die Fortsetzung einer für die Herstellung von Weinen mit ausgeprägter Persönlichkeit unentbehrlichen Politik der Qualität und der Individualität nicht behindert.

Schließlich darf man das Kennzeichen dieser ruhmreichen Marke nicht vergessen: ihr berühmtes gelbes Etikett. Es war ein Wagnis, im neunzehnten Jahrhundert eine solche Farbe auf den nüchternen Champagnerflaschen anzubringen. Als das Etikett bei der Handelskammer zu Reims eingereicht wurde, trug die Inschrift folgenden genauen Hinweis: „gelb wie der Dotter des Eis einer mit Mais gefütterten Henne".

Verkostung

◆ *La Grande Dame 1988*

Der Jahrgang 88 ist der schönste der 80er Jahre in der Champagne. Dieser Wein zeugt von der Harmonie, die eine große Cuvée hervorbringen kann. Die Nase ist füllig und frisch zugleich, mit den Aromen reifer Früchte und Blumen, die von einer gerösteten Note unterstützt werden. Im Mund ist der Eindruck lieblich, lebendig und komplex.

La Romanée

Das Weinanbaugebiet Burgund erstreckt sich von der Stadt Auxerre im Norden bis Lyon im Süden, d.h. über eine Entfernung von 300 Kilometer, eine alles in allem beachtliche Größenordnung. Aber diese Region ist bei weitem nicht homogen: Sie unterteilt sich einerseits in mehrere deutlich unterschiedlich geprägte, umrissene und definierte Subregionen, andererseits kann man zwischen zwei Weinbergen große Entfernungen zurücklegen, ohne einer einzigen Weingutparzelle zu begegnen. Die gesamte zur Herstellung der Burgunder Weine zugelassene Fläche ist viel kleiner als diejenige der Bordeaux-Weinberge, und hier finden sich nicht selten Gewächse mit eigenständiger Appellation (Herkunft), die aus winzigen Flächen stammen.

Wenn die Anpflanzung von Weinbergen in dieser Region auf die galloromanische Zeit zurückgeht, war der Ruhm ihrer Weine bereits unter Karl dem Großen gefestigt. Später sollten die Herzöge von Burgund dieses Werk fortsetzen und unter anderem das Bekanntmachen dieser Weine jenseits der Grenzen übernehmen. Schließlich sollten es die sehr einflußreichen klösterlichen Ordensgemeinschaften und dann die Fürsten und Mächtigen ermöglichen, die Qualität der Herstellung und den Ruf der Weine zu vervollkommnen. In der Moderne besorgte die allmähliche Organisation des internationalen Handels den Rest.

Eine der betroffenen und nicht unwesentlichen dieser Regionen im Herzen des Burgunds ist die Côte d'Or. Es handelt sich um einen 60 Kilometer langen schmalen Streifen von Hängen, der Dijon mit dem Dörfchen Santenay verbindet. Die Côte d'Or wird in zwei Teile unterteilt: die Côtes de Nuits im Norden, die sich hauptsächlich auf die Herstellung von Rotweinen konzentriert, die Côte de Beaune im Süden, wo Rot- und Weißweine produziert werden. Eben in der Côte d'Or sind die großen Weine anzusiedeln, deren Erwähnung schon genügt, um die Geschmackspapillen von Kennern aus aller Welt zu erregen. Man urteile selbst: La Romanée, Le Chambertin, Romanée-Conti, Le Montrachet und andere. Dieser so große Ruhm führte zur Änderung der Namen mehrerer Dörfer, die bereits im neunzehnten Jahrhundert den aus der Aura ihrer berühmten Weine zu ziehenden Vorteil ahnten. So wurde zum Beispiel aus Gevrey Gevrey-Chambertin, aus Vosne Vosne-Romanée. Dabei liefern die Grands Crus nur 2 Prozent der Burgunder Weine. Aber auch wenn diese Weinberge eine sehr kleine Menge von sehr teuer verkauften Weinen produzieren, bieten sie den Vorteil, die Logik verstehen zu helfen, die die Organisation der Burgunder Appellationen beherrscht, deren Speerspitze sie sind.

Die kleinste französische Appellation befindet sich im Burgund: Es ist La Ro-

Oben: Der Weinberg von La Romanée, der kleinsten A.C. Frankreichs, schmückt sich mit wunderschönen herbstlichen Farben.

Bei Tisch wird La Romanée beim Gastronomen Bernard Morillon in Beaune zu einer Taube mit Kastanien- und Feigenbeilage serviert.

manée. Diese nicht einmal einen Hektar große Fläche gehört der Familie Ligier-Belair und trägt den Rang eines Grand Cru, den höchsten Rang in der Hierarchie der Burgunder Appellationen. La Romanée liegt auf dem Gemeindegebiet von Vosne-Romanée, umgeben von vier weiteren Grands Crus und mehreren Premiers Crus, wobei letztere die zweite Stufe der Hierarchie darstellen. Bei den Grands Crus erscheint lediglich deren Name auf dem Etikett. Dem Namen der Premiers Crus hingegen muß unbedingt der Name ihrer Ursprungsgemeinde vorangehen. Auf der dritten Stufe finden sich die kommunalen Ursprungsbezeichnungen, Vosnes-Romanée oder Gevrey-Chambertin zum Beispiel. Dann folgt die subregionale Appellation, hier Côte de Nuits, und schließlich einfach die Appellation der Region, in diesem Fall Bourgogne. Je höher man in der Hierarchie der Appellationen steigt, um so kleiner werden selbstverständlich die Flächen und um so mehr steigen die Produktionsanforderungen. Der Weinberg von La Romanée befindet sich auf den Abhängen des Berges von Vosne, unmittelbar über demjenigen von Romanée-Conti. Der Hang ist hier steiler, der Boden weniger tief und trockener. Liegt vielleicht darin der Grund für die im Vergleich zu seinen Nachbarn größere Feinheit seiner Weine? Wie auch immer – die Verkostung eines La Romanée zeigt, daß diese scheinbar sehr feinen Weine eine unglaubliche Stärke aufweisen können, wenn sie von außergewöhnlichen Terroirs stammen. Es muß noch einmal betont werden: Ein Wein verdankt die Komplexität seiner aromatischen Palette ausschließlich dem Terroir.

Verkostung

◆ *La Romanée 1993*

Die Aromen sind sehr komplex und verbinden dunkle Früchte, Gewürze und den Geruch von Verbranntem und Erde. Das Ganze ist gleichzeitig dicht und locker. Im Mund entwickelt sich zunächst ein Eindruck der Frische, dem ein großer Nuancenreichtum folgt. Die Finesse siegt über die Stärke, und der langanhaltende Geschmack überrascht. Die Textur ist sehr fein, und der Abgang greift den ersten Eindruck wieder auf.

◆ *La Romanée 1992*

Die Nase ist etwas weniger komplex, dennoch mit fruchtigen und würzigen Noten. Die Finesse stellt sich ein. Wie es oft bei großen Weinen der Fall ist, muß er einige Zeit im Glas bleiben, um seine Schätze allmählich enthüllen zu können. Im Mund erscheint er noch sehr jung, von köstlicher Fruchtigkeit und etwas fest durch die Tannine.

◆ *La Romanée 1989*

Dank einiger zusätzlicher Jahre in der Flasche hat dieser Wein begonnen, sich zu entwickeln und etwas von dem reichen Körper zu enthüllen, der die größten roten Burgunder kennzeichnet. Die Nase verbindet Finesse mit einer Fülle von Empfindungen. Die Noten variieren von reifem Obst zum Geruch des Unterholzes über rauchige Noten, die sich schichtenweise an der Luft offenbaren. Im Mund bestätigt sich diese Komplexität mit einer sehr weichen Textur und viel Frische. Das Bild eines Fruchtbades nach dem Morgentau zwingt sich auf. Dieses dauerhafte Gefühl vermittelt einen intensiven Genuß.

La Romanée-Conti

Mitten in der Côte de Nuits besitzt das Weingut von Romanée-Conti die Gesamtheit von zwei Grands Crus der Gemeinde Vosne-Romanée: Romanée-Conti und La Tâche. Es ist außerdem der Hauptbesitzer von vier weiteren Grands Crus dieser Gemeinde: Richebourg, Romanée-Saint-Vivant, Grands Echezeaux, Echezeaux. Es besitzt auch südlicher, in der Côte de Beaune, eine kleine Parzelle des berühmtesten Weißwein-Weinbergs des Burgunds, des Montrachet.
Es kann nicht gleichgültig lassen, sich einem so prestigeträchtigen Weingut zu nähern, dessen Weine zu den teuersten der Welt zählen. Doch der Ehrfurcht folgt das Erstaunen. Denn die Betriebsgebäude sind hier bescheiden, von strenger Schlichtheit, gewissermaßen als ständiger Tribut an jene Mönche, die so lange diese Weinböden bebaut haben, ohne je daraus Ruhm oder Vermögen gezogen zu haben. Für Aubert de Villaine, den Mitverwalter des Weinguts, beschreibt der Begriff „großer Wein" genau den außergewöhnlichen Charakter dieser Produkte, der sich im Burgund mit einer sehr überspitzten Auffassung der Rolle der Natur verbindet. Die Zersplitterung des Weinbergs, die sich in den zahlreichen Appellationen widerspiegelt, und der Pinot noir als einzige Rebsorte zwingen den Menschen dazu, sich hinter die Natur zu stellen, um so mehr, als die Eigenschaften des Pinot noir das Terroir mehr enthüllen als überdecken.
Die Geschichte der Grands Crus ist reich an zahlreichen und unterschiedlichen Terroirs, die seit sehr langem bereits bewiesen haben, daß sie in der Lage sind, außergewöhnliche Weine zu produzieren – dank des Know-hows und des Willens zum Besten.

Links: Das Dorf Vosne, das man vom Weinberg von Romanée-Conti aus entdecken kann.
Oben: Der Eingang der Domaine von Romanée-Conti, DRC für die Eingeweihten.

Ohne diesen Willen ist nichts möglich. Wenn den Mönchen des Zisterzienser-Ordens ihre Rebstöcke so wichtig waren wie jede einzelne Seite ihres Breviers, ist die Rolle des Menschen heute nicht minder wichtig: verstehen, leiten, aussuchen, investieren. Von ihm wird nur verlangt, daß er diskret bleibt und bei seiner Arbeit die Natur beobachtet und respektiert.

Dabei erfordert die Verwaltung eines Weingutes eine klare Philosophie, denn man muß wissen, was man machen will. Und berücksichtigen, was man machen kann. Auf einem bestimmten Terroir den bestmöglichen Wein herzustellen bedarf gewisser Mittel und erfordert Entscheidungen. Das Auftreten der sehr großen Weine wäre ohne ein ausschließlich auf der kaufmännischen Wirtschaft beruhendes Denken nicht vorstellbar gewesen.

Aubert de Villaine schätzt, daß 80 Prozent des Weines auf der Natur beruhen, das Terroir ist der Alchimist. Und so gilt seine Hauptsorge der Rebe und dem natürlichen Gleichgewicht zwischen dem Leben des Bodens und der pflanzlichen Materie. Die Böden werden mit einem ein Jahr im voraus aus zermahlenem Rebholz, Traubentrester und etwas Stalldünger als Kompostierhilfe gebildeten Kompost genährt. Dies gewährleistet die natürliche Gesundheit des Bodens und ein erhebliches bakterielles Leben. In den Weinbergen von Romanée-Conti findet man circa 50 Klone einer einzigen Rebsorte, des Pinot noir. Diese Vielfalt des pflanzlichen Rohstoffes stellt einen wichtigen und seltenen Trumpf dar.

Die Pflanze wird rigoros geschnitten, um einen vollkommenen Reifungsprozeß und eine hohe Konzentration der Rebe zu gewährleisten. Damit die Rebstöcke gegen verschiedene Krankheiten widerstandsfähig sind, werden sie behandelt, aber dies erfolgt in Romanée-Conti ausschließlich nach biologischen Methoden und in kleinsten Dosen. Auch die Weinbereitung bemüht sich, die Traube zu respektieren und möglichst wenig in den traditionellen Prozeß einzugreifen. Wenn man Aubert de Villaine auf seine persönlichen Erfahrungen mit großen Weinen anspricht, vertraut er einem an, daß der Unterschied zwischen einem großen Wein und einem guten Wein für ihn hauptsächlich in der Intensität bzw. Tiefe der Empfindungen liegt. Bei der Verkostung kommt es vor, daß sich ein Eindruck der Intensität von sich aus einstellt. Neben anderen Erfahrungen hat er in dieser Hinsicht einen Sauternes, den 1921er Yquem, einen Pomerol, den 1953er Pétrus, eine große Hermitage oder einen Wein von seinem eigenen Gut, den 1962er La Tâche, in Erinnerung behalten, den er drei bis vier Jahre nach der Lese kostete. Für jemanden, der Weine dieser Art nur selten kostet, gehören solche Referenzen zwar zwangsläufig zum Mythos. Aber ein Wein ist nur im Vergleich zu einem anderen ein großer Wein, und der eigene Geschmack ist dabei Maßstab.

Links: Der Wein wird circa achtzehn Monate in neuen Barriques gelagert.
Unten: Eine als „Verjus“ bezeichnete Traube, die von den Weinlesern absichtlich vergessen wurde.
Unten: Vor dem Versand reifen die Weine nach ihrem Aufenthalt in den Barriques ein Jahr in der Flasche.

Horizontale Verkostung der Weine von Romanée-Conti – d.h. Verkostung desselben Jahrgangs, wobei alle Weine direkt aus der Barrique verkostet wurden.

◆ *Grands-Echezeaux 1994*
Die Nase weist eine hohe Konzentration von Obstgerüchen mit durch das Fruchtige durchscheinenden zarten, würzigen Noten auf. Im Mund entwickelt sich das dem Bukett nach zu erwartende Gefühl sowie obendrein die den großen Burgundern eigene greifbare Lieblichkeit.

◆ *Romanée-Saint-Vivant 1994*
Die Nase ist konzentriert, doch sehr fein. Sie scheint sich vorerst zurückhalten zu wollen und eher aus Zartheit und Feinfühligkeit zu bestehen. Die Präzision der fruchtigen Aromen ist bemerkenswert. Dieser Wein ist im Mund kräftiger und ausgeglichener, mit noch ausgeprägten Tanninen. Der fruchtige Geschmack ist intensiv und hält lange an.

◆ *Richebourg 1994*
Die Gerüche, die die Nase erreichen, überraschen durch ihre Stärke und ihren würzigen Charakter. Es ist, als würde es sich um dunkle Stoffe handeln. Die konzentrierten Aromen von roten und schwarzen Früchten fügen einen Eindruck der Frische hinzu. Der Wein wirkt jugendlich kantig im Mund. Die relative Strenge – im Vergleich zu den beiden vorherigen Weinen – deutet auf eine gute Lagerfähigkeit hin.

◆ *La Tâche 1994*
Die Farbe ist tiefer als beim Richebourg, die Nase ist zugleich feiner und schwerer zu beschreiben. Man spürt Obst, aber auch Blumen, gleichzeitig etwas Mineralisches. Im Mund ist die Sinnesempfindung glatt, fast ölig.
Der Eindruck der Stärke wird von den fruchtigen Aromen und einem Gefühl der den jungen Rotweinen dieser Art eigenen Festigkeit unterstützt.

◆ *Romanée-Conti 1994*
Die Nase ist weniger expressiv als bei seinen – aus demselben Jahrgang, aber von unterschiedlichen Böden stammenden – Verwandten!
Hier sind Strenge und Zurückhaltung geboten, obwohl eine beachtliche Konzentration schwarzer Früchte zu ahnen ist. Bei der Verkostung fällt in erster Linie das harmonische Gleichgewicht der Empfindungen auf.
Viel Kraft, aber auch viel Frische und Eleganz. Diesem Wein gelingt es, konzentriert, aber nicht aggressiv zu sein. Zweifellos handelt es sich um einen sehr großen Wein, der mit der Zeit sein ganzes Potential entfalten wird.

Der Montrachet von Bouchard Père et Fils

Der berühmteste trockene Weißwein der Welt stammt von einem winzigen Weinberg von 8 Hektar, 7 Ar und 87 Hundertstel Ar. Wie oft im Burgund ist dieser Weinberg in zahlreiche Parzellen unterschiedlicher Größe unterteilt, die verschiedenen Besitzern gehören. Die Fläche dieser Parzellen ist – wie bei den berühmtesten Weinbergen des Burgunds übrigens – selbstverständlich oft sehr begrenzt und umfaßt nur einige Rebstockzeilen. Was den Montrachet betrifft, besitzt das Unternehmen Bouchard Père et Fils eine der größten Parzellen von über einem Hektar. Sie liegt mitten im Montrachet und wurde 1838 der Familie Laguiche abgekauft. Wenn diese Parzelle heute zum Verkauf angeboten würde, würde ihr Wert wahrscheinlich dreißig Millionen Francs erreichen!

Was macht aber die „Größe" dieses Weines aus? Der Name Montrachet bedeutet „kahler Berg". Mit anderen Worten: Der extrem karge Boden dieses kleinen Kalksteinhügels kann praktisch keinen anderen Anbau unterstützen als den des Weines. Eine Rebsorte konnte diese uneinnehmbare Festung bezwingen: der Chardonnay mit seiner erstaunlichen Widerstandsfähigkeit, der beweisen sollte, daß die größten Weine oft von den Regionen und Weinbergen mit Grenzbedingungen für den Weinbau stammen. Diese außergewöhnliche Qualität, die an der Geschmackskonzentration liegt und eine gute Lagerfähigkeit ermöglicht, machte den Montrachet zum einzigen, 1787 von Thomas Jefferson, dem künftigen Präsidenten der Vereinigten Staaten, unter den besten französischen Weinen ausgewählten Weißwein.

Die Firma Bouchard Père et Fils herrscht zur Zeit über 92 Hektar Weinberg, von denen 71 als Grands Crus oder Premiers Crus klassifiziert werden. In der Stille ihrer Keller ruht die schönste Sammlung alter Burgunderjahrgänge, von denen einige aus dem letzten Jahrhundert stammen und die Erinnerung an ihre Weine mit einer erstaunlichen Frische bewahren. Mit einem solchen Schatz genießt man selbstverständlich dank des Prismas der Jahre eine ideale Betrachtung der Burgunder Weine. Für den Hausherrren Joseph Henriot bleibt ein großer Wein in erster Linie eine Sache der Kultur, genauso wie die Musik oder die Malerei. Er vergleicht diese drei Bereiche und unterstreicht die für die Einschätzung eines großen Weines wesentlichen Begriffe der Relativität und des Lernens. Einen Renoir einem Gauguin vorzuziehen, hängt zwar von dem betroffenen Gemälde ab, aber auch vom persönlichen Geschmack des Kenners, von seiner momentanen Laune und natürlich von seiner Kenntnis der Malerei. Schließlich räumen alle erfahrenen Musikliebhaber Beethovens Quartetten mehr Tiefe und Reinheit ein als seinen bekanntesten Symphonien. Es ist eine Sache des Stils, des Geschmacks und selbstverständlich der Erfahrung.

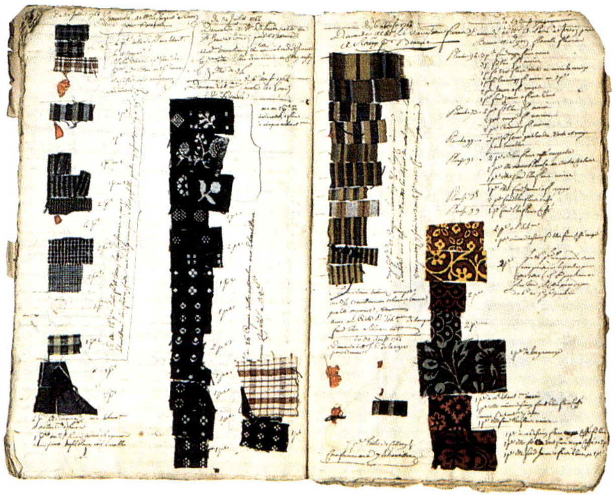

Linke Seite: Der Weinberg von Montrachet. Im Hintergrund ein Blick auf den Chevalier-Montrachet, einen anderen weißen Grand Cru der Côte de Beaune.
Oben: Die Familie Bouchard handelte mit Stoffen, bevor sie Weinberge kaufte und 1731 in Beauval einen Weinhandel gründete. Ihr Katalog aus dieser Zeit ähnelt dem Patchwork der Parzellen in der Côte d'Or.

Oben: Der Faßkeller, denn so heißt es im Burgund, des Hauses Bouchard Père et Fils, in dem der Montrachet gärt und reift. Im Bordeaux-Gebiet spricht man eher von Barriques-Kellerlager.
Unten: Die erste Weinpreisliste von Bouchard Père et Fils aus dem Jahre 1731, dem Jahr der Unternehmensgründung durch Michel Bouchard und seinen Sohn Joseph.

Dies gilt auch für diesen Bereich, in dem ein großer Wein nur im Vergleich zu einem anderen guten Wein definiert werden kann. Seine Überlegenheit ist offenbar in seiner höheren Konzentration, in seiner deutlicheren Finesse, in seiner weiterentwickelten Fähigkeit zur Reifung zu suchen. All diese durchaus greifbaren, da bei der Verkostung wahrgenommenen Elemente ermöglichen die einfache Behauptung, daß man einen großen Wein vor allen Dingen an seinem Geschmack erkennt. Hinzu kommt ein noch schwerer zu messender Parameter: die mythische Dimension. Als Produkt der eigenen, mit Seltenheit und Preis verbundenen Geschichte ist diese Dimension vom großen Wein untrennbar. Oft übrigens tauchen im Gedächtnis des Verkosters unter außergewöhnlichen Umständen all diese tatsächlichen und immateriellen Elemente wieder auf, die zur Sublimierung des Weines beitragen. Joseph Henriot ist

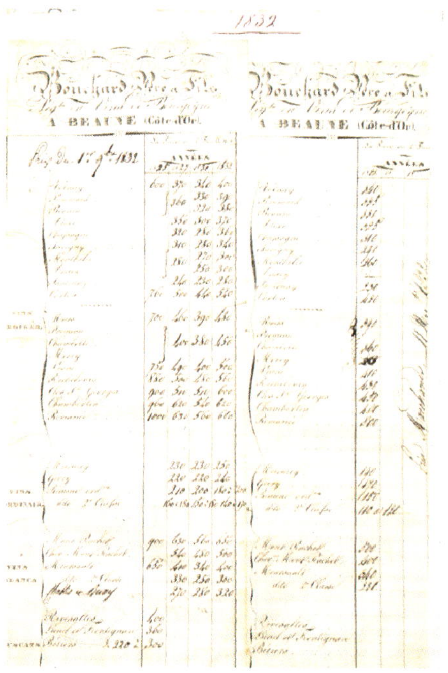

im Innersten davon überzeugt, daß die Geschichte eines großen Weines für dessen Ausstrahlung von wesentlicher Bedeutung ist. Die sehr guten Weine bereiten dem Liebhaber Genuß und Freude. Bei den großen Burgundern, darunter dem Montrachet, kommt zu den spezifischen geschmacklichen Charakteristika das hinzu, was das Andenken jener Mönche darstellen oder hervorrufen kann, die jahrhundertelang den Wein auf diesen Böden angebaut haben. Die Fähigkeit eines Weines, Jahrzehnte, gar Jahrhunderte zu überdauern und denjenigen, die ihn genießen, dabei stets den Eindruck eines außergewöhnlichen Augenblicks zu vermitteln, ist sicherlich das Zeichen eines großen Weines. Der Montrachet gehört zweifelsohne dazu.

Verkostung

◆ *Montrachet 1993*

Die Nase ist sehr lebendig und vermittelt den Eindruck einer mit Früchten gefüllten Schale, der von einer mineralischen Note unterstützt wird.

Nach einigen Augenblicken im Glas entwickelt der Wein stärkere und komplexere Gerüche, die der Butter nahekommen. Im Mund herrschen eine gewisse Strenge und eine Reintönigkeit vor. Dieser Wein wird weit vor der optimalen Reife verkostet, die man zwischen dem Jahr 2000 und 2010 ansiedeln kann. Seine Lebendigkeit und die Präzision

der an der Nase erspürten Aromen bestätigen sich, diese Eindrücke halten im Geschmack lange an.

◆ *Montrachet 1990*

Dank drei weiterer Jahre kann dieser Wein besser zeigen, was in ihm steckt. Die Nase scheint voller und stärker. Das Mineralische wird von der Üppigkeit der Gerüche von sehr reifen Früchten eingeholt. Dann kommen die Aromen von geröstetem Brot und Haselnuß. Das Geschmacksempfinden ist prächtig und füllt den ganzen Mund. Diese Stärke im Mund hält beachtlich lange an und führt zu warmen Akzenten und einer sehr angenehmen frischen Endnote.

◆ *Montrachet 1989*

Dies war ebenfalls ein warmes Jahr. Durch die exotische Fruchtigkeit der Gerüche, die die Nase erreichen, spürt man beinahe die brennende Sonne von damals. Die Fülle der geschmacklichen Eindrücke scheint noch größer als beim 1990er Jahrgang, ohne jede Zurückhaltung oder Strenge. Mit seiner großen Fülle und Geschmeidigkeit in der Frucht scheint dieser Wein für den unmittelbaren Genuß bestimmt zu sein.

Verkostung der Burgunder Grands Crus

Im Burgund besteht die Rolle des Weinbereiters darin, sein Talent nicht zu überfordern. Er hat die Einzigartigkeit jedes seiner Weine zu gewährleisten und dabei das sich aus der besonderen Kombination von Klima, Boden und Rebsorte ergebende Ergebnis zu optimieren. Der Rohstoff ist hier schön, aber selten. Und die Rebsorte ist einzigartig. Aus diesem Grunde sind die wie im Bordeaux-Gebiet durch Verschnitt von Weinen aus unterschiedlichen Rebsorten durchgeführten Ausgleichvorgänge schwierig oder sogar unmöglich. Im Burgund sind Rebstöcke und Trauben Mutter Natur gewissermaßen gänzlich unterworfen, die die klimatischen Bedingungen und die spezifischen Böden liefert. So versteht man die großen Variationen der geschmacklichen Eigenschaften ein und desselben Weines je nach den verschiedenen Jahrgängen besser.

Domaine Weinbach

Domaine Weinbach ist eines der allzu seltenen Weingüter, die von einer Frau geleitet werden. Diese Eigenschaft allein wäre kein ausreichender Grund dafür, daß seine Produkte zu den größten Weinen der Welt zählen. Doch hier treffen zugleich Weine von großer Feinheit mit ungeheurem Charme, ein schönes und schmuckes Terroir und eine außergewöhnliche Persönlichkeit, die der Familie Faller, aufeinander. All diese verschiedenen, manchmal unsichtbaren Faktoren tragen zu einer bemerkenswerten Synthese bei, die das einfache Addieren objektiver Eigenschaften bei weitem übertrifft.

Der Name Weinbach ist bereits Programm. Er stammt von einem winzigen Flüßchen, das durch das von den Kapuzinermönchen 1612 errichtete ehemalige Weingut fließt. Neben dem Marktflecken Kaysersberg liegt das Kapuziner-Clos am Schloßberg, auf dem seit über tausend Jahren Rebstöcke wachsen. Mit seinen bescheidenen 20 Hektar produziert die Domaine Weinbach beinahe die ganze Palette der Elsässer Weine, jener Weine, die das in Frankreich seltene Vorrecht genießen, den Namen ihrer Rebsorten zu tragen. Bei den Damen Faller bilden Riesling, Gewürztraminer und Pinot gris das Siegertrio, doch bleibt noch Raum für etwas Pinot blanc, Sylvaner, Muscat und Chasselas, wenn auch in kleinen Mengen, zur Herstellung jener Durstweine, die das Elsaß ebenfalls beherrscht. Ganz an der Spitze finden sich prächtige Rieslinge und herrliche, manchmal aus späten Lesen hervorgehende Gewürztraminer.

Links: Der Weinberg der Kapuziner. Im Vordergrund der Weinbach. Rechts ahnt man den Schloßberger Hang und im Hintergrund das Dorf Kaysersberg.
Oben: Für die Elsässer Weine traditionelle Eichenfuder im Keller des Weingutes.

Zu oft nimmt die Besichtigung eines Weingutes einen förmlichen Charakter an, und die wenig zurückhaltende Zurschaustellung der letzten technologischen Errungenschaften des Gutsbesitzers wird zum Hauptteil des Gesprächs, dem zum Abschluß eine Verkostung an einem Ort entweder klinischer Frostigkeit oder feuchter Dunkelheit folgt, an dem man nur schlotternd stehen kann. Zum Glück für den Kenner geht es in der Domaine Weinbach ganz anders zu. Zunächst nimmt man im Wohnzimmer Platz.

In einem Nebenraum befinden sich weitere, aus den Vereinigten Staaten, Japan, Deutschland oder Belgien gekommene, durch die Liebe zum Wein hier vereinte Pilger des Kapuziner-Weinguts, während Geräusche aus der angrenzenden Küche auf die Vorbereitung der Mahlzeit hindeuten. Die Weine werden einer nach dem anderen von Colette Faller oder einer ihrer Töchter, Catherine und Laurence, serviert. Man nimmt sich die Zeit, darüber zu reden, auf einen Wein zurückzukommen, zu vergleichen.

Währenddessen wird die Zubereitung des Mittagessens fortgesetzt, ohne daß der diesem Vorgang von der Gastgeberin gewidmeten Aufmerksamkeit weniger Bedeutung als der Verkostung beigemessen wird. Der Wein ist hier Bestandteil des Alltags. Dieses Feingefühl und diese Rücksicht anderen gegenüber, die Colette Faller verkörpert, kennzeichnen ziemlich genau die Herstellung auf diesem Weingut. Denn für diese Weine, die auf Zehenspitzen und ohne Vorwarnung ankommen, ist alles eine Sache von Nuancen, Feinheit – auch wenn die Tiefgründigkeit eines Riesling Grand Cru Schloßberg zum Beispiel keinerlei Zweifel über die beachtliche Lagerfähigkeit dieses Weines aufkommen läßt. Und wenn sie von der Verkostung eines Weines spricht, rät Colette Faller, die Augen zu schließen, um die Eindrücke besser auf sich zukommen zu lassen.

Also wie bei einem Kuß? Ihrer Meinung nach muß ein Winzer viel Liebe für seine Reben empfinden, um sie besser zu unterstützen und ein ganzes Jahr über bei ihnen zu sein, wie bei seinen Kindern. Und wenn sich die Qualität eines großen Weines bereits bei seiner Entstehung offenbart, kann die Zeit sein tiefstes Wesen keineswegs beeinträchtigen, sie verleiht ihm lediglich Patina und die Weisheit der Erfahrung. Ihre Tochter Laurence, die die Weine des Gutes seit 1992 bereitet, ist damit durchaus einverstanden und fügt lediglich hinzu, daß ein großer Wein Vergnügen bereiten soll.

Auch wenn seine Größe von einer größeren Fülle und Konzentrierung herrührt, muß diese Komplexität mit Harmonie gepaart sein. Deshalb lehnt sie die fertigen Schemata ab, die Kochrezepten gleichen, und lauscht lieber den Rebsorten, deren besondere Sprache jedes Terroir interpretiert. In der Domaine Weinbach sind die Beherrschung der Erträge und eine aufmerksame Achtung der Natur die entscheidenden Bedingungen. Dieser der Eigenart jeder Parzelle, jedes Bottichs gewidmeten Aufmerksamkeit steht die Ablehnung gegenüber, Weine in einheitlichen Cuvées zu verschneiden. So gibt es bei Fallers je nach dem Zeitpunkt der Weinlese und dem Alter der Rebstöcke zwei oder drei Varianten des Riesling Cuvée Sainte Catherine oder des Riesling Schloßberg, die einfach durch Nummern unterschieden werden. Jeder kann etwas nach seinem Geschmack finden.

Ganz oben: Der Glockenturm der Kirche von Kaysersberg, im benachbarten Dorf.
Oben: Das Hauptgebäude des Kapuzinerclos, das Wohnraum, Kellerlager und Keller beherbergt.
Linke Seite: Ein Mittagessen wird in der Küche der Fallers zubereitet – Choucroute oder Baekenofe?
Rechts: Ein typisches elsässisches Haus in Kaysersberg.

Verkostung

◆ *Riesling Cuvée Sainte Catherine (1) 1994*
Die Nase ist fein, und man muß die Augen schließen, um all seine Nuancen zu erspüren. Die Textur ist glatt und überrascht bereits beim Eintreffen im Mund. Die feinen Aromen von jungen Früchten bleiben dank der Frische langanhaltend.

◆ *Riesling Cuvée Sainte Catherine (2) 1994*
Die Nase ist mineralischer als im vorigen Fall, was ihm mehr Kraft verleiht. Im Mund ist er körperreicher, vollmundig, mit einem sehr langen, vor Frische vibrierenden und vollkommen ausgeglichenen Abgang. Ein Spitzenwein.

◆ *Gewürztraminer Cuvée Laurence 1994*
Die prächtige Nase gibt die Ausdrucksweise der Rebsorte treu wieder, deren Düfte an eine leicht würzige Rose erinnern. Die Konzentration entspricht derjenigen einer Spätlese. Im Mund ist der Wein aromatisch, ohne schwer zu sein, und tapeziert den ganzen Mund mit einer feinen Substanz.

◆ *Riesling Sélection de grains nobles 1990*
Dies ist der im Elsaß wahrscheinlich seltenste Weintyp. Um die für die Herstellung eines Spätleseweines notwendige Überreife zu erreichen, erfordert der Riesling eine bei weitem längere Sonnenbestrahlung als der Gewürztraminer oder der Pinot gris. Nur die außergewöhnlichen Jahre ermöglichen eine kleine Produktion. Die sehr konzentrierte und stark aromatische Nase offenbart die Düfte von exotischen Früchten, Rauch und Honig.
Im Mund spürt man eine wunderbare und köstliche Verbindung von Fülle und Frische. Die ganze Finesse des Rieslings ist da, die Substanz enthüllt nach und nach ihre Komplexität, ohne im geringsten schwer zu sein.

Zind-Humbrecht

Die Rebe zieht ihre ganze Substanz von der Arbeit der Erde und folgt daher aufs engste dem Rhythmus der Jahreszeiten. Die Weinlese, Endpunkt eines stets unterschiedlichen Zyklus, beansprucht alle Energien. Die Zeit der Spekulationen ist vorbei, nun muß gepflückt, sortiert, eingefahren und gekeltert werden, und der Winzer ist für niemanden mehr zu sprechen. Überraschungsbesuche, die mehr stören als ermutigen, sollten also vermieden werden. Ruhigere Zeiten bieten sich an, wenn man sich für die Arbeit im Weinberg interessiert; sei es das Schneiden, die Pflege der Rebstöcke oder die Überwachung der Frucht – alles kann dazu dienen, ein Weingut zu erspüren und kennenzulernen. Eben hier, vor Ort, wo er die meiste Zeit verbringt, empfängt Olivier Humbrecht seine Besucher am liebsten. Er ist fest davon überzeugt, daß ein großer Wein vor allem im Weinberg entsteht. Da er aber mit Weinbergen auf der ganzen Welt in Berührung gekommen ist, geht sein Weinhorizont über die einfachen landwirtschaftlichen Aspekte hinaus, so daß er dank seiner vielfältigen Kenntnisse den sehr prestigereichen und begehrten, in Großbritannien verliehenen Master of Wine erhalten hat. Seiner Ansicht nach hat der Begriff „großer Wein“ einen intellektuellen Gehalt, der eine hauptsächlich menschliche Verbindung zwischen Natur und Zeit impliziert, wobei diese Verbindung sowohl durch denjenigen entsteht, der den Wein genießt, als auch durch denjenigen, der ihn bereitet hat. Und Olivier Humbrecht betont jene beiden für das Herausragen eines Weines entscheidenden Elemente: Da die geschmacklichen Eigenschaften der Prüfung der Jahre standhalten müssen, kann dem Winzer lediglich eine langjährige praktische Erfahrung seines Terroirs eine zuverlässige Einschätzung seines Potentials geben. Und auch wenn die moderne Welt die blinde Ergebenheit berühmten Namen gegenüber etwas abgeschwächt hat, ist es für den interessierten Laien nach wie vor so, daß die Berühmtheit eines Weines und das, was man von ihm weiß, ihm dennoch eine vorstellungsreiche Aura verleiht.

Léonard Humbrecht, Oliviers Vater, hat durch hartnäckige Arbeit den internationalen Ruf der Weine aus der Domaine Zind-Humbrecht, deren Name von der Fusion der Betriebe der beiden Familien Zind und Humbrecht 1959 stammt, gefestigt. Humbrechts sind Winzer seit dem Anfang des siebzehnten Jahrhunderts, und heute noch arbeiten zwei Generationen auf dem Weingut.

Um die Besonderheiten des Elsaß zu begreifen, muß man wissen, daß die Elsässer seit jeher die größte Rebsortenauswahl auf den unterschiedlichsten Böden gepflanzt haben. Die Suche nach einem Gleichgewicht zwischen Rebsorte und Boden ist also weiterhin Gegenstand angestrengter Überlegungen und Debatten.

Oben: Das Clos Saint-Urbain weist einen Hang mit 68 Prozent Gefälle auf, es ist das stärkste Gefälle im Elsaß. Bei der Weinlese braucht man die Unterstützung einer Seilwinde, um die Körbe bis zum oberhalb des Weinbergs verlaufenden Weg hochzuziehen. Rechts: Der Weinberg von Winsbuhl.

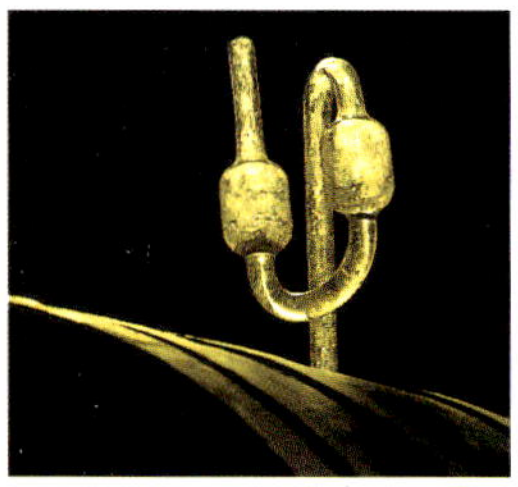

Oben: Aseptischer Spund zur Überwachung des guten Verlaufs der Weingärung.

Der südlichste Weinberg des Elsaß, der Rangen von Thann, wird in der *Großen Chronik von Thann* des Malachias Tschamser beschrieben, die jeden Jahrgang analysiert und den 1232er als „außergewöhnlich gut“ bezeichnet: „Es war so warm, daß man Eier im Sand hätte braten können.“

Die rein südliche Lage und der ideale Winkel des Weinberggefälles zur Sonne erklären dieses Phänomen des Sonnenofens. Bevor die Reblaus am Ende des neunzehnten Jahrhunderts fast die Gesamtheit des europäischen Weinbergs zerstörte, zählte man in dieser Gemeinde 500 Hektar Weinberg, heute sind es kaum noch 14. Doch der aus Sand- und Vulkangestein bestehende und daher extrem karge Boden dieses uralten Terroirs bietet den Vorteil, sehr durchlässig zu sein, was das Durchdringen sowohl der Rebenwurzeln als auch des Regenwassers erheblich begünstigt. Das mitten im Grand Cru von Rangen gelegene Clos Saint-Urbain wurde 1970 von Léonard Humbrecht aufgekauft und liefert außerordentliche Weine aus Pinot gris und Gewürztraminer.

Die Domaine Zind-Humbrecht erstreckt sich über circa 40 Hektar. Im Elsaß ist ein Grand Cru eine außergewöhnlichen, mit edlen Rebsorten bepflanzten Terroirs vorbehaltene Bezeichnung. Sie stellt keine Garantie für die Qualität der von ihnen stammenden Weine dar, aber sie weist eine bestimmte Herkunft nach und unterstreicht ein den meisten Böden überlegenes Potential. Die Familie Humbrecht pflanzt lediglich Gewürztraminer auf den kiesel- und tonartigen Böden des Hengst, wobei der Riesling dem mineralreicheren Granitboden des Brand vorbehalten bleibt.

Verkostung

♦ *Riesling Rangen 1994*

Die Nase erinnert an Blumen, ist komplex und aromatisch. Im Mund ist der Eindruck zunächst prächtig, gefolgt von einer langanhaltenden und sehr feinen mineralischen Note. Die Konzentration erinnert an eine Spätlese.

♦ *Pinot gris Rangen 1994*

Die Nase schwankt zwischen Körperreichtum und Finesse, Zucker und Frucht, mit Pilz- und Mineralienakzenten. Im Mund wird die Dichte von der hübschen Frische und etwas Mineralhaltigkeit hervorgehoben. Sehr langer, vollkommen ausgeglichener Abgang.

Château d'Arlay

Es gibt Landschaften, die dem Reisenden ein plötzliches und unbeschreibliches Gefühl des Glücks vermitteln, das in keinerlei Verhältnis zu ihrer Schönheit allein steht. Dies empfindet man, wenn man sich der quasi auf halbem Wege zwischen Beaune und der Schweiz liegenden Stadt Lons-le-Saunier nähert, wo alles am Ort dazu beiträgt zu begreifen, warum so viele kriegerische und diplomatische Schlachten um die Kontrolle über diese von Natur aus fruchtbare Region geschlagen wurden. Ob die oft mit prächtigen Wäldern bedeckten Felsenhügel oder die wunderschönen Täler mit ihren von wilden Bächen durchflossenen Weiden: alles trägt zum Bild eines alten Frankreich und seiner Hirtenidyllen bei. Schon lange, bevor die Geißel der Reblaus über das Land kam, war die Region für ihre Weine bekannt, und der Weinberg bedeckte beinahe 20.000 Hektar. Heute sind es kaum noch 1500, die sich wahllos nördlich und südlich von Lons verteilen. Diese sehr alte Weinbautradition stammt aus der Römerzeit, als Kaiser Probus, ein Förderer des gallischen Weinbaus, sein Feldlager im Jura aufschlug, bevor er die Völker im Zentrum Galliens angriff. Zum Dank für ihre Loyalität wurden die Einwohner der Region, die Sequaner, 278 dazu ermächtigt, die auf Befehl von Domitian, einem seiner Vorgänger, herausgerissenen Rebstöcke neu einzupflanzen. Der örtliche Weinberg ist wahrscheinlich auf diese Zeit zurückzuführen, wie die erste christliche Kirche es belegt, die drei Jahrhunderte später am Ort gebaut und Sankt Vinzenz, dem Schutzpatron der Winzer, geweiht wurde.

Links: Schatten und Licht, Sanftheit und Kraft – diese Landschaft von Arlay spiegelt die seltenen Eigenschaften ihres Weines wider. Oben: Graf Renaud de Laguiche, der sein Leben seinem Gut und seinen Weinen widmete.

Die Gründung des Château d'Arlay als herrschaftliches Anwesen mit angrenzendem Weinberg führt ins neunte Jahrhundert zurück, und es ist das wahrscheinlich älteste Château Frankreichs, vielleicht sogar der Welt. Außerdem wurde das Gut seit dem elften Jahrhundert nie verkauft, sondern den zahlreichen Besitzern durch Erbfolge oder Erbanfall übertragen. Die Weinbautätigkeit des Schlosses und darüber hinaus der gesamten Region nahm eine entscheidende Wende, nachdem einer der Grafen von Chalon-Arlay von einem Kreuzzug eine neue weiße Rebsorte mitbrachte: den Savagnin, der den merkwürdigsten Wein des Jura, den berühmten gelben Wein, hervorbringen sollte. Es gibt nicht jedes Jahr einen gelben Wein, aber wenn der Jahrgang besonders gelungen ist, darf man sicher sein, daß er noch ein Jahrhundert reifen kann. Zahlreiche Beispiele belegen es: Eine Flasche gelber Wein des Jahrgangs 1774 wurde bei der Weltausstellung 1868 vorgestellt und erhielt die Goldmedaille. 1994 hatte ein Panel von Experten das außerordentliche Glück, eine andere Flasche desselben Weines zu kosten; die Teilnehmer konnten seine außergewöhnliche dreißigsekundige Beständigkeit feststellen und zogen daraus den Schluß, daß er in der Lage sei, ein weiteres Jahrhundert zu lagern. Der gelbe Wein stellt mit dem ebenfalls in Château d'Arlay produzierten Strohwein das Überbleibsel einiger sehr

alter Traditionen der Weinbereitung dar, die heute in den meisten anderen Weingebieten ganz einfach verschwunden sind. Während jeder Kulturbanause heute weiß, daß Wein vor Luft geschützt aufbewahrt werden soll, bleibt der gelbe Wein zum Beispiel sechseinhalb Jahre in nur zum Teil gefüllten Barriques, ohne daß die verdunstete Fehlmenge ersetzt wird. Was die Lese betrifft, erfolgt sie bei den Savagnin-Reben so spät wie möglich, oft nach dem ersten Schnee – man bezeichnete ihn früher als Eiswein –, damit die Alkoholkonzentration hoch genug ist, um dem gelben Wein zu ermöglichen, die Zeit zu überstehen, und ihn vor der Oxydierung zu schützen. Ist die Gärung abgeschlossen, wird der Wein in Altholzfässer umgefüllt, wobei ein Volumen von fünf Litern Luft oben freigelassen wird. Nachdem die Barriques versiegelt worden sind, entsteht auf der Weinoberfläche eine einheitliche Schicht, die dem Wein jenen besonderen Walnußgeschmack verleiht und ihn davor bewahrt, in Essig umzuschlagen. Sechseinhalb Jahre können verstreichen, bevor der Wein – in Clavelin-Flaschen mit 0,62 Liter Inhalt – abgefüllt werden kann, wobei der Inhalt einiger Barriques diesen Zeitpunkt nicht erreicht.

Im Château d'Arlay erfolgt der Ausbau des gelben Weines in einem getrennten Keller, abseits von den anderen Weinen des Gutes, denn im Gegensatz zum Rest der Produktion ist er gegen Temperaturschwankungen unempfindlich, die seiner so eigentümlichen Reifung sogar dienlich sind. Außerdem wären die Bakterien, die die Flora der Schicht bilden, für jeden anderen Wein schädlich.

Dies alles macht gelben Wein zu einem der seltensten Weine der Welt, mit dem unvergleichlichen und auch etwas gewöhnungsbedürftigen Geschmack. Selbstverständlich sind die berühmten Gerichte des Jura – Geflügel mit Morcheln und Comté-Käse – seine bekanntesten Spielgefährten. Aber seine kräftigen und exotischen Aromen ermöglichen auch Verbindungen, die für die meisten Weine allzu schwierig sind: mit Kaviar, Seeigeln, Curry und sogar Schokolade!

Linke Seite: Das Schloß (oben) überragt das liebliche Dorf Arlay. Die Weinberge von Arlay (unten) laufen von den Strebepfeilern des Schlosses an das sanfte Gefälle hinab.
Oben: Alain de Laguiche (oben) leitet heute das Weingut von Arlay, auf dem sich eine wunderschöne Sammlung von Raubvögeln befindet. Im Gewölbekeller (unten) des Schlosses vollzieht der gelbe Wein langsam seine Verwandlung.

Verkostung

♦ *Gelber Wein 1985*

Die Farbe ist ein kräftiges, fast amberfarbenes, ziemlich lebendiges Gelb. Die Nase ist schwer zu beschreiben, verrät dennoch die Aromen von trockenen Früchten, Blumen, süßen Gewürzen und Wachs. Im Mund verbinden sich auf angenehmste Weise Kraft und Leichtigkeit.

Dieser Wein titriert bei 13,5 Volumenprozent, doch weist er eine scheinbare Leichtigkeit, eine große Frische und vor allem eine unglaubliche Geschmackskomplexität auf. Eine Überraschung ist die Curry-Note im Abgang. Den Fachleuten nach teilen Wein und Gewürz gewisse molekulare Analogien.

Château Grillet

Mit seinen drei Hektar Weinberg belegt Château Grillet eine der kleinsten A.C.-Flächen Frankreichs. Aber im Gegensatz zu dem, was oft behauptet wird, ist es nicht die kleinste; diese Eigenschaft bleibt dem Burgunder Grand Cru La Romanée vorbehalten, der mit nicht einmal einem Hektar auskommen muß.

Was die Geschichte dieses Weinbergs betrifft, deutet alles darauf hin, daß die Römer als große Reisende durch Gallien, die hier keine heißen Quellen gefunden hatten, den Boden mit Rebstöcken aufwerteten. Ähnliche Indizien wurden im benachbarten Weinberg der Côte Rôtie gefunden. Im siebzehnten Jahrhundert gehörte das Gut dem Ingenieur Desargues, der mit seinem Freund, dem Philosophen Blaise Pascal, dessen Leidenschaft für die Mathematik teilte. Der Weinberg wich der Mathematik, und erst im achtzehnten Jahrhundert festigte sich der Ruf des Château Grillet endgültig; er galt damals bereits als einer der größten Weißweine Frankreichs. In den zwanziger Jahren zählte ihn der „Fürst der Gastronomen", Curnonsky, zu den drei größten französischen Weißweinen nach Château d'Yquem und Montrachet und vor dem Coulée de Serrant.

Die jäh abfallenden Abhänge der Côte Rôtie, auf denen die blauen Reben wachsen, ziehen sich südlich in Richtung Condrieu, eines wunderschönen, ausschließlich mit einer weißen Rebe, dem Viognier, bepflanzten kleinen Weinbergs hin.

Château Grillet selbst bildet eine Enklave im Appellationsgebiet von Condrieu, zeigt dennoch eine eigene Identität, denn seine Geburtsurkunde im modernen Register der A.O.C. ist vier Jahre älter

Links: Der die Rhône überragende Weinberg von Château Grillet zeichnet sich wie ein Terrassengarten ab.
Oben: Im kühlen Schatten des Wohnzimmers des Schlosses.

als diejenige von Condrieu. Seinen Namen verdankt er einem bescheidenen Landsitz, der unter Ludwig XIII. als Festung diente.

Der in zahlreiche kleine, den Hang von der tiefer liegenden Straße ab steil ansteigende Terrassen unterteilte Weinberg genießt eine außergewöhnliche Lage, da er gen Süden ausgerichtet und wie ein Amphitheater um das Haus angelegt ist. Château Grillet, das seit 1820 derselben Familie gehört, wurde von seinen verschiedenen Besitzern immer mit größter Sorgfalt gepflegt. Dies ist vielleicht einer der Gründe für seinen erfreulich guten Zustand.

Als 1994 die Weinlese begann, übernahm Isabelle Baratin die Leitung des Guts, die bis dahin ihr Vater innegehabt hatte. Sie widmet sich ganz Château Grillet und begnügt sich nicht damit, die Hauptschritte zu überwachen, sondern ist tatsächlich an der gesamten Arbeit auf dem Weingut beteiligt. Das Haus, in dem die Familie fast das ganze Jahr über lebt, strahlt eine alte und feine Atmosphäre aus Fliederduft, Kindheitserinnerungen, fröhlichen Radtouren aus. Hier sind die Arbeit im Weinberg, die Weinbereitung und der Verkauf Bestandteil des Familienlebens wie anderswo das Einkochen oder die Gartenarbeit. Diese Dinge sind für Isabelle Baratin so selbstverständlich, daß sie fast verlegen wird, wenn man ihr sagt, ihr Wein sei ein großer Wein. Für sie ist der Weinberg ein unabtrennbarer Bestandteil des Hauses, wie ein großer Garten, und die Mäuerchen, die ihn am Hang befestigen, müssen gepflegt werden wie die Mauern eines Gartens. Schließlich kann man sich dieses unebene Gelände, durch dessen glänzenden, unter dem Fuß rutschenden Granitsandboden das Regenwasser die Wurzeln der Rebstöcke erreicht, bevor es in den unteren Graben ausläuft, doch zunutze machen! Kaum zeigt sich die Sonne, spürt man schon wie in einem Treibhaus die aufsteigende Wär-

Oben: Ein kleiner Keller im Schloß.
Unten: Die Römer mußten die Weinamphoren bis zu den Ufern der Rhône unterhalb des Weingutes heruntertragen. Rechte Seite: Zu den Terrassen des Weinberges gelangt man über die auf die Römer zurückzuführenden Steintreppen.

me, denn der Weinberg ist durch seine Lage vor dem Nordwind geschützt, ganz abgesehen davon, daß die ihn umgebenden Mäuerchen ausgezeichnete Wärmespeicher bilden. Im Keller, der unter dem Schloß mitten in den Felsen gegraben wurde, lagert der Wein wiederum das ganze Jahr über kühl.

Bei einem solchen Kleinod kann man natürlich keine großen Mengen erwarten; in den besten Jahren erreicht die Produktion höchstens 12.000 Flaschen. Die Weinbereitung erfolgt absichtlich langsam, die Lagerung im fertigen Faß dauert circa achtzehn Monate. Und obwohl der Wein lagerfähig ist, verfügt das Schloß selbst über keinen Bestand alter Jahrgänge, da die anhaltende Nachfrage keine Hortung ermöglicht hat. Aber gibt es ein schöneres und greifbareres Symbol der Beständigkeit als das vollkommen schlichte und zurückhaltende Etikett des Château Grillet, das sich seit 1830 praktisch nicht geändert hat?

Verkostung

◆ *Château Grillet 1993*

Die Nase drückt eine breite Palette aus Blumen, Frisch- und Trockenobst mit einem etwas mineralischen Charakter aus. Die Textur ist sehr glatt, mit einer festeren Note, die an die Bodenbeschaffenheit erinnert. Insgesamt ist die strenge Fülle dem von den meisten anderen Weinen hinterlassenen Eindruck diametral entgegengesetzt.

E. Guigal

Der schöne Name Côte Rôtie (also „Rösthang“), der an jene sommerliche Hitze erinnert, die jede vornehme Blässe in tiefe Bräune verwandelt, paßt gut zu dieser Region auf der Ostseite des Mont Pilat, die sich zur Rhône hinunterneigt und schon nach der starken Mittelmeersonne sehnt. Die Alten hatten sehr wohl den Vorteil erkannt, den man aus einer solchen Lage ziehen kann: den Weinbau. Waren es die Allobroger, jenes Volk, das die Region bewohnte, bevor es durch den Einmarsch der Römer vertrieben wurde, oder gar die Griechen, die sich lange vor diesen Konflikten ins Landesinnere Galliens vorgewagt hatten? Niemand weiß es, aber der Weinberg der Côte Rôtie war bereits im ersten Jahrhundert unserer Zeitrechnung bekannt, so daß sein Wein, der über die Rhône nach Rom exportiert wurde, für Plinius den Jüngeren, der darüber sehr beunruhigt war, sogar eine gefährliche Konkurrenz für die besten Weine Latiums darstellte. Doch hiermit hört der Vergleich auf. Die weichen Kurven der Hügel der Heiligen Stadt haben mit den jäh abfallenden Hängen der Côte Rôtie nichts gemein. Hier erreicht das Gefälle bis zu 55 Prozent und erinnert an einige Hänge des Elsaß, des hohen Douro in Portugal oder der deutschen Mosel. Die Straßen, die zum Weinberg führen, sind eng und gewunden, aber mit Freude trifft man dort ehrwürdige Zürgelbäume – die objektivsten Zeugen des hier, etwa zehn Kilometer von Lyon entfernt, herrschenden, fast provenzalischen Mikrokosmos. Unterhalb des Weinbergs wacht das Schloß von Ampuis über die Rhône, dessen ehemalige Besitzer, Haranques, das Familienmotto pflegten: „Nul bien sans peine“, also etwa: „Kein Lohn ohne Mühe“. Gibt es eine geeignetere Formel, um den Weinberg der Côte Rôtie zu bezeichnen? Gemeint ist hiermit der echte Weinberg, aber nicht die wenigen auf der oberen Hochebene gepflanzten Rebstöcke, sondern die 160 Hektar große Appellation, die alle in Terrassen gepflanzten Reben einschließt; diese Terrassen hängen in Kalk-, Granit-, manchmal schiefrigen, aber immer undankbaren Böden.

Verfechter der Tradition wie Marcel Guigal wenden sich von der zweideutigen Unterstützung der Chemikalien ab und bekämpfen das Unkraut weiterhin per Hand. Man stelle sich vor, wie bei der Weinlese die unter der Last der noch warmen Trauben fast zusammenbrechenden Büttenträger jene extremen und kräftezehrenden Hänge hinuntergehen, um ihre wertvolle Ladung sicher ans Ziel, das heißt bis zur nächsten Straße zu bringen. Und Straßen gab es in einigen Teilen des Weinberges nicht immer. Dies war für Marcel Guigals Vater, als er hier vor dem Zweiten Weltkrieg als Weinbergarbeiter anfing, ganz natürlich. Seine erste Weinlese brachte er mit 16 Jahren ganz allein auf dem Rücken hinunter. Es war in einer Parzelle namens La Turque, die heute der Firma Guigal gehört.

Das außergewöhnlich erfolgreiche, auf die Côtes-du-Rhône-Weine spezialisierte Unternehmen ist weltweit für seinen Côte Rôtie und seinen Condrieu bekannt. Seine Geschichte – Saga oder Märchen – ist in Wirklichkeit mit so bodenständigen Dingen wie der

Linke Seite: Der mit seinen Pfosten, dem traditionellen Träger der Rebstöcke, bestückte Weinberg von Landonne „kräuselt“ auf dem Hügel der Côte Brune.
Oben: Das Schloß von Ampuis, das Marcel Guigal seit kurzem gehört.

Liebe zur ordentlichen Arbeit und der Beobachtung der Natur verknüpft. In diesem Weinberg der Côte Rôtie, der vor fünfzig Jahren nach den Verheerungen durch die Reblaus und zwei Weltkriegen schließlich dem Fiskus anheimgefallen war, war der Erfolg keine Selbstverständlichkeit. Als Etienne Guigal zu dieser Zeit sein eigenes Unternehmen gründete, war der Wein der Côte Rôtie nur einen Franc pro Liter wert – ein lächerlicher Preis im Vergleich zu der Qualität des Weines und der investierten Arbeit. Heute gehören drei Côte Rôtie aus den Weinbergen Guigals zu den weltweit begehrtesten Weinen: La Mouline, La Landonne und La Turque.

Der Weinberg schließt zwei berühmte Hügel ein, von denen seine besten Weine stammen. Die Zusammensetzung des Bodens hat ihren jeweiligen Namen bestimmt: Der helle Boden der Côte Blonde ist hauptsächlich kalkhaltig, während die dunklere Côte Brune Schiefer- und Granitböden aufweist. Die lokale Geschichte von Ampuis führt eine ganz andere, poetischere Begründung für diese Bezeichnungen an. Der Legende nach schenkte der mittelalterliche Herr des Schlosses, Sire de Maugiron, seinen beiden wunderhübschen Töchtern, von denen eine dunkelhaarig und die andere blond war, als Mitgift die beiden Hügel, die nach der Farbe ihrer Haare benannt wurden.

Bei Guigal stammt La Mouline von der Côte Blonde, während La Landonne und La Turque zwei Flurnamen der Côte Brune sind. Die Weine der Côte Blonde sind etwas weicher und samtiger als diejenigen der Côte Brune und können bis zu 20 Prozent Viognier, eine weiße Traube, enthalten. Die Weine der Côte Brune sind kräftiger und tanninreicher, sie brauchen mehr Zeit bis zur vollen Reife. Anzumerken wäre außerdem, daß La Turque als einziger Weinberg von Son-

Oben: La Turque mit seinen Steinterrassen. Unten: Das riesige moderne Kellerlager mit seinen endlosen Barriques-Reihen.

nenaufgang bis Sonnenuntergang von der Sonne durchflutet wird, was in dieser Region, in der die Neigung und Ausrichtung jeder Parzelle den verschiedenen Charakteren der Weine entsprechend eingerichtet werden, ziemlich selten ist.
Etienne Guigal verdankt man die Einführung der Vorgehensweise in die Côte Rôtie, nach der all diese Ausnahmeparzellen eine nach der anderen angegangen werden. Dies erinnert an die Vorgehensweise bei den Burgunder Grands Crus, zumal in der Côte Rôtie mit Ausnahme der geringen Menge Viognier wie im Burgund eine einzige Rebsorte verwendet wird. Die rote Rebe der Côte Rôtie wie aller anderen großen Weine im nördlichen Teil der Côtes-du-Rhône ist eine besondere Sorte der Syrah, die hier Serine genannt wird. Die relativ kleinen Beeren ergeben sehr konzentrierte und lagerfähige Weine.
Dem heutigen Besucher zeigt die Firma Guigal alle widersprüchlichen Aspekte eines schnell wachsenden Unternehmens. Die Weinarbeiten kreuzen sich mit den Besichtigungen, alles überschneidet sich, aber mitten in diesem wirren Aktivismus bleibt ein fester Bezugspunkt: der unbeugsame Wille zur Perfektion in der Durchführung der Weinbereitung. Die

bald alten, bald neuen Kellerräume beherbergen unzählige Fuder und Barriques, während hinter einer Flurecke modernste Bereitungsinstrumente neben archäologischen Funden – eine weitere Leidenschaft von Marcel Guigal – stehen.
Am Ende dieses Rundgangs öffnet sich der Verkostungskeller, in dem Marcel Guigal, seine Frau und nunmehr auch sein Sohn den Wein regelmäßig verkosten und über sein Schicksal entscheiden.

Verkostung

◆ *La Mouline 1992*
Die Nase registriert eine große Intensität. Die Fülle der Aromen ist so groß und so perfekt gestaltet, daß man sich dabei ertappt, an eine Kugel zu denken. Die Hauptnoten tendieren zum Tabak, zum Leder und zum Rauch. Die dichte schwarze Frucht birst im Mund. Die Konzentration scheint durch die glatte Weichheit und die hübsche Frische des Körpers verringert.

◆ *La Turque 1992*
Der Wein scheint jünger zu sein, die Nase ist lebhafter, lieblich und abgerundet im Hintergrund. Er ist im Mund überaus köstlich. Es handelt sich um ein Fruchtsaftkonzentrat von großer Frische, in dem Kraft und Abgerundetheit einander ausgleichen. Dieser körperreiche und langanhaltende Wein ist samtig im Abgang.

◆ *La Landonne 1992*
Dichte, fast schokoladenartige Nase. Der Eindruck ist voll, körperreich, massiv, doch ohne Gewalt. Sehr konzentrierter und zur Zeit noch verschlossener Wein. In ihm sind die Tannine deutlicher spürbar als bei den anderen, er muß noch mehrere Jahrzehnte lagern.

Die Verkostung von La Mouline wurde mit Flaschen von 1991, 1990, 1988, 1982, 1978 und 1976 fortgesetzt. Diese breite Auswahl läßt die Behauptung zu, daß La Mouline ein vibrierender, lebhafter und unendlich schmackhafter Wein ist. Einige Jahrgänge sind fein, andere wie zum Beispiel der 1978er oder der 1990er fest. La Turque ist angesichts der Jugendlichkeit des gekosteten 1988ers ein sehr haltbarer Wein, der sehr komplexe Aromen bietet und seine fruchtige Konzentration trotz aller Entwicklung beizubehalten weiß.
Dichtheit charakterisiert schließlich La Landonne am besten. Er ist weniger elegant als La Mouline, aber mit der Zeit wird er sehr komplett und enthüllt vorsichtig zahlreiche Facetten. Ein Wein, der noch warten kann.

Château de Beaucastel

Alles begann 1309, als Papst Klemens V. beschloß, Penaten und Büros in die Region der Grafschaft Venaissin zu verlegen, die einer seiner Vorgänger einige Jahre zuvor mit glücklichem Spürsinn erworben hatte. Die im Süden der Grafschaft bereits in der Provence liegende schöne Stadt Avignon wählten die im Exil lebenden Päpste aus, wo sie bis 1377 blieben. Dieser angesichts der langen Kirchengeschichte alles in allem sehr kurze Aufenthalt blieb nicht ohne heute noch zumindest in der Ordnung der weltlichen Dinge sichtbare Folgen. Johannes XXII. fühlte sich nämlich schließlich heimisch und begann 1318 mit dem Bau eines Sommersitzes auf dem Land in der Nähe von Avignon. Dies sollte Châteauneuf-du-Pape werden. Und auf den 25 das Schloß umgebenden Hektar sollte der Dienst am Wein den Dienst an Gott ergänzen: Neben den Olivenbäumen wurden Rebstöcke eingepflanzt, die einen denjenigen ihres Grundbesitzers widerspiegelnden, d.h. universellen Ruhm erlangen sollten. Aber die Weinbautradition von Châteauneuf begrenzte sich nicht auf die päpstliche Nutzung allein, weitere Wirte sollten auch zu der Verbreitung dieses Weines beitragen, unter ihnen die Hugenotten Beaucastel, die sich an der Prägung ihrer berühmten Nachbarschaft offensichtlich wenig störten und sich Mitte des sechzehnten Jahrhunderts in Courthézon, einem neben Châteauneuf gelegenen Dorf, niederließen. 1549 kauften sie an einem nach dem Flurnamen Coudoulet bezeichneten Ort ein paar Morgen Land und eine Scheune, die, nachdem sie zu Reichtum gekommen waren, zu einem Herrenhaus umgebaut wurde, an dessen Wänden noch die Wappen der Beaucastel hängen. Aber so originell die Geschichte von Châteauneuf auch immer sein mag, ist ihre Rolle nichtsdestoweniger für die Qualität aller französischen Weine von entscheidender Bedeutung. In Châteauneuf wurden 1923 von dem Baron Le Roy die Grundlagen für das geschaffen, was zwölf Jahre später zur Reglementierung der A.C. führen sollte. Die Voraussetzungen für diese ersten Qualitätskontrollen beruhten auf einigen einfachen und zwingenden Ideen. Es wurde zunächst eine natürliche Begrenzung der zur Weinberganpflanzung zugelassenen Fläche festgelegt. Jede Parzelle, auf der Lavendel oder Thymian wachsen konnten – zwei Pflanzen, die wie die Rebe karge Böden bevorzugen –, konnte für die Appellation ausgesucht werden. Dann wurde eine begrenzte Anzahl von festgelegten Rebsorten zugelassen. Um außerdem der Versuchung einer für die Qualität der Reben immer schädlichen Masseneinpflanzung zuvorzukommen, wurde eine Regulierung der Reberziehung und des Rebschnitts erwogen. Der Wein mußte ohne jede Trockenzuckerung mindestens 12,5 Prozent erreichen. Bei der Weinlese mußten die Trauben sortiert werden, wobei mindestens 5 Prozent der Lese verworfen werden mußten, um die Verarbeitung kranker Trauben auszuschließen. Der Roséwein wurde in Châteauneuf-du-Pape verboten. Um eine Appellation beanspruchen zu können, mußte jeder Wein schließlich der Prüfung eines Verkostungskomitees unterzogen werden.

Linke Seite: Die Winzer sagen, daß „je mehr die Rebstöcke leiden, um so besser der Wein wird...". In Beaucastel ist er göttlich!
Oben: Das Schloß von Beaucastel, eine von den von der Rhône angelandeten Kieselsteinen umgebene Oase des Schattens und der Frische.

Von wenigen Veränderungen abgesehen, ist diese Gesetzgebung heute noch in Kraft. Die Winzer von Châteauneuf lassen weiterhin eine extreme Wachsamkeit alldem gegenüber walten, was ihre edle Tätigkeit beeinträchtigen könnte. Dies belegt die Kommunalverordnung von 1954, die allen Ernstes „jedem Flugfahrzeug oder weiteren fliegenden Untertassen" den Flug über, die Landung und den Start auf dem und von dem Weingut verbot und hinzufügte: „welcher Staatsangehörigkeit auch immer".

Der Boden dieses Weinguts ist das Ergebnis der ungeheuren Mahlarbeit, die die Rhône seit Jahrtausenden bewältigt. Von den Gletschern der Alpen bis zum Delta der Camargue führt dieser Fluß unermüdlich Steine mit sich, die unterwegs zu Kieselsteinen werden und sich später mit ton- und sandhaltigen Böden vermischen. Aus der scheinbaren Kargheit dieser Erdschichten entsteht die Fruchtbarkeit des Weinbergs von Châteauneuf. Die Besitzer von Beaucastel, die Familie Perrin, achten diesen Boden sehr und widmen allem, was hinzukommen könnte, eine äußerste Aufmerksamkeit. Chemische Mittel mit ihren langfristig unbekannten Nebenwirkungen sind ausgeschlossen, bevorzugt wird der biologische Anbau. Der Weinberg ist ein Ökosystem, an das unter Berücksichtigung seiner Wechselwirkungen herangegangen werden muß. Für den Spaziergänger ist das Wachrufen der verschiedenen in Châteauneuf-du-Pape zugelassenen Rebsorten mit Poesie beladen. Und man hört förmlich, wie all diese Namen – Grenache, Mourvèdre, Syrah, Cinsault, Vaccarèse, Terret noir, Muscardin, Clairette, Picpoul, Picardan, Roussanne und Bourboulenc – wie Kieselsteine unter den Füßen wegrollen! Es sind acht blaue und fünf weiße Rebsorten. Selbstver-

Oben: Altehrwürdige Stümpfe und Kieselsteine. Im Hintergrund Châteauneuf-du-Pape.
Rechts: Die traditionellen Fuder.
Unten: Das Wohnhaus von Beaucastel, eine ehemalige Scheune.

ständlich werden all diese dreizehn Rebsorten in Beaucastel eingepflanzt, aber sie werden getrennt verarbeitet, damit ihr jeweiliger eigener Geschmack beim Verschnitt besser hervorgehoben wird. Für François Perrin rührt die Grundlage dessen, was er als „edlen Wein" bezeichnet, von einer engen Symbiose zwischen den natürlich behandelten Böden, der breiten Rebsortenauswahl und einem geeigneten Klima her. Was letzteres betrifft, muß die Rebe widerstandsfähig sein, um den großen zwischen Tag und Nacht herrschenden Temperaturunterschieden und den Böen des launischen und gewaltigen Mistrals standzuhalten, die den kräftigsten Olivenbaum zum Schwanken bringen. Beaucastel hat seine Absicht nie verhehlt, einen Wein mit starker Persönlichkeit auszubauen, auch wenn die Facetten dieser Persönlichkeit vielfältig sind. Sie müssen alle Nuancen des Bodens, des Klimas und der Rebsorte möglichst treu wiedergeben sowie auch den Menschen, der den Wein gemacht hat. Die Schwierigkeit besteht für diesen in seiner Fähigkeit, das Unmittelbare zu verwalten, ohne das Langfristige zu opfern, denn bei Weinen, die lange reifen sollen, kann die Richtigkeit der Entscheidung erst nach einer Generation überprüft werden. Die Rotweine von Beaucastel sollen über zehn Jahre gelagert werden und entwickeln sich nur langsam. Sollte man dann nicht von einer totalen Hingabe desjenigen sprechen, der einen großen Wein machen will? Sollte man die Triebkraft jenseits jeder unmittelbaren Sorge um die Rentabilität nicht zugleich in der Leidenschaft suchen, die diese Männer und Frauen auf ihrer Suche nach der Vortrefflichkeit bewegt? Für François Perrin muß diese Leidenschaft selbstverständlich im Wein durchscheinen, dem der Hersteller das Beste von sich selbst gegeben hat. Fragt man ihn nach seinen Lieblings-Beaucastel-Jahrgängen, antwortet er sofort: diejenigen, die sein Vater und sein Großvater bereitet haben und die er als „Traubenmarmelade" bezeichnet, denn diese Weine drücken in der Tat die damalige Konzentration der Materie aus.

Verkostung

Weisswein

◆ *Cuvée de vieilles vignes 1992*

Starke und undefinierbare Aromen. Dieser Wein ist an der Nase sowie im Mund sehr komplex. Er ist wirklich zeitlos, nicht ganz jung und nicht wirklich alt. Sinnliche und aromatische Empfindungen stellen sich ein, die im Mund außergewöhnlich langanhaltend sind.

Rotweine

◆ *Jahrgang 1994 (noch in Fudern)*

Die Nase ist zu Anfang verschlossen, öffnet sich dann zuerst auf animalische Noten, dann auf eine Konzentration von schwarzen Früchten und endet in einer Fülle von würzigen Aromen. Im Mund ist der erste Eindruck weich, voller Früchte. Nach und nach kommt dann die Stärke zur Geltung.

◆ *Jahrgang 1990*

Konzentrierte Nase, doch mit einer noch immer frischen Note. Nach einigen Augenblicken im Glas entwickelt der Wein eine breite Aromapalette: Hölzer, Früchte und Mineralien. Er ist sehr kräftig und rein im Mund, mit feinen, reifen Tanninen.

◆ *Jahrgang 1986*

Mit diesem Wein nähert man sich dem Alter, ab dem der Beaucastel im allgemeinen die Reife erlangt. Die Nase ist deutlich entwickelt, mit kräftigen Aromen, die an Wild und Marmelade erinnern. Der Eindruck im Mund ist kräftig, mit einer ausdrucksstarken Frucht und langanhaltenden Tanninen. Schöne Frische im Abgang.

◆ *Jahrgang 1976*

Auffällig ist die Beständigkeit der bereits am 1986er entdeckten Aromen: Wild und Marmelade. Im Mund ist der Unterschied deutlicher. Der Wein ist abgerundet, die noch breiten Schultern sind etwas abgefallen. Die Kraft ist da, wenn auch zerfließender, mit einer immer noch großen Beständigkeit der Aromen.

◆ *Jahrgang 1970*

Sollte dies das richtige Alter für einen großen Beaucastel-Jahrgang sein? Die Nase erinnert immer noch an das Animalische, doch ätherischer, gefolgt von Marmeladenobst. Wunderbarer Eindruck im Mund: Früchte und reife Tannine wechseln sich mit Frische und Verschmelzung, Zartheit und Leichtigkeit ab. Der Wein scheint süß, ist es aber nicht tatsächlich. Verwandlung der Tannine und Früchte, die zu ihrem Ursprung zurückkehren. Dieser von der Zeit sublimierte Wein kehrt fast bis zu seiner Quelle zurück: dem unvergänglichen Traubensaft.

Mas de Daumas Gassac

Überall in Europa, wo der Boden den Weinanbau zulassen könnte, haben die Menschen keine Gelegenheit ausgelassen, ihn zu bepflanzen. Daraus schließen viele, daß der zur Erschaffung neuer großer Weine zur Verfügung stehende Raum in der Alten Welt quasi unbedeutend geworden ist. Denn sie sind der Meinung, daß die Regionen, die in der Lage sind, regelmäßig einen hochwertigen Wein zu produzieren, zwar die zahlreichen Wechselfälle der Geschichte des Weines durchlebt haben, jedoch weiterhin Wein produzieren. Und doch – einige Beispiele in jüngster Zeit zeigen, daß mit etwas gutem Willen noch Raum für das Kreative ist, wie mehrere unternehmungslustige italienische und einige französische Winzer es bewiesen haben. Aimé Guibert gehört dazu. Mit welch einer Geschichte! Der Wein des Mas de Daumas Gassac ist in mehr als einer Hinsicht beispielhaft in einem Land, das sich zu oft hinter die Bequemlichkeit einer zugleich laxen und schützenden Gesetzgebung zurückzieht, anstatt mutig und systematisch nach den wahren Bedingungen für die Herstellung hochwertigster Weine zu suchen.

Trotz der größten Achtung vor den Traditionen des Terroirs des Languedoc hat Guibert mit Mas de Daumas Gassac dennoch innerhalb einer Generation Pionierarbeit geleistet, denn dieses Weingut entstand, wie es in der Neuen Welt üblich ist. Dies erfolgte natürlich nicht ohne jenes Körnchen Glück, das zum Erfolg gehört. Als Aimé und Véronique Guibert de la Vayssière Anfang der 70er Jahre den Bauernhof der Familie Daumas im Hinterland

Oben: Das Haus von Aimé Guibert de la Vayssière.
Oben rechts: Der Frühling des Weines und der Frühling der Pfirsiche – die Verbindung von Derbheit und Sanftheit.
Rechts: Dieser so besondere Boden macht den Ruhm dieses einzigartigen Weinberges aus.

von Montpellier kauften, hatten sie keineswegs vor, einen Weinberg zu gründen. Sie hatten sich für den Anbau von Mais, Oliven und Wein entschieden. Da sie keinerlei Erfahrung im Weinbereich hatten, wollten sie sich mit den besten Fachleuten umgeben. Die Meinung eines von ihnen, Henri Enjalbert, berühmter Fachmann und Dozent für Geographie und Weingeologie, war entscheidend. Als er auf einem frisch an einem Hang der Strauchheide trassierten Weg spazierte, bemerkte Prof. Enjalbert die tiefen Schichten roter und feiner, wahrscheinlich aus der Eiszeit stammender Erde. Die Eigenschaften dieses Bodens, der an einige Böden der Côte d'Or im Burgund erinnert, das günstige Klima, dessen Frische im Kontrast zu der Hitze der Languedoc-Ebene steht, all dies lenkte das Schicksal des Weinguts von Daumas Gassac. Enjalbert bezeichnete diesen Boden als „geologisches Wunder" und teilte den Guiberts schließlich seine feste Überzeugung mit: Mit beträchtlichen zeitlichen und finanziellen Investitionen sei Daumas Gassac in der Lage, große Weine zu produzieren – einen Languedoc Grand Cru, der es mit denen aus dem Burgund oder dem Bordeaux-Gebiet aufnehmen könnte.

Der Gassac, ein kleiner niedlicher Bach, der mitten durch das Anwesen fließt und ihm einen Teil seines Namens gegeben hat.

Fast fünfundzwanzig Jahre später hat sich die Intuition als wahr herausgestellt, und das Projekt wurde verwirklicht: Es wurde bewiesen, daß der Begriff Grand Cru auch im Boden des Languedoc seine Wurzeln haben kann. Und diese Weine – anfangs waren es ausschließlich Rotweine, seit kurzem kommen Weißweine hinzu – werden noch lange das Interesse der Verkoster aus aller Welt erregen. Dazu wurden zahlreiche Experimente durchgeführt, um alle von diesem Ausnahmeterroir gebotenen Möglichkeiten zu erforschen. Und während erste Pflanzungen hauptsächlich Bordeaux-Rebsorten zur Herstellung eines großen Rotweines beinhalteten, legte die Urbarmachung weiterer Parzellen des Gutes Böden frei, die für die Produktion von Weißweinen geeigneter sind. Unter den roten französischen Rebsorten wurden Cabernet Sauvignon, Merlot, Malbec, Cabernet franc, Tannat, Syrah und Pinot noir ausgesucht, unter den italienischen Nebbiolo, Dolcetto und Barbera. Bei den weißen Reben ist die Sammlung noch wesentlich umfangreicher: Viognier, Petit Manseng, Marsanne, Chardonnay, Roussanne, Chenin blanc und Bouboulenc aus Frankreich, Petite Arvigne und Armigne aus der Schweiz, Sercia aus Portugal. Es finden sich sogar einige Fuß einer unbekannten, aber sehr alten jemenitischen Rebe, weitere mit der libanesischen Datta, einige sind sogar mit dem mythischen Neherlescol aus Israel bepflanzt, von dem die Bibel erzählt, daß seine Trauben so schwer waren, daß es zweier Männer bedurfte, um sie zu tragen. Der Weißwein von Daumas Gassac enthält 0,1 Prozent dieser Rebe, die den Babyloniern vor fünftausend Jahren bereits bekannt war. Der Anbau erfolgt in Daumas Gassac ausschließlich biologisch, ohne chemische Dünger, Unkrautvernichtungsmittel oder Pestizide. Außerdem wird die Landschaft geschützt, und die Strauchheide erstreckt sich über breite Flächen zwischen den Weinparzellen, was diesem großen Rotwein vielleicht zu seinen wilden Aromen verhilft und dieser wuchernden Vegetation sicherlich ermöglicht, ihren klimatischen Beitrag aufrechtzuerhalten.

Verkostung

◆ *Jahrgang 1985*

Die Farbe ist sehr dunkel. Die Nase ist sehr körperreich und hoch konzentriert. Sie enthält eine Reihe von fruchtigen Aromen um die Schwarze Johannisbeere, aber auch Tabak und Wild, was auf eine ansetzende Entwicklung deutet. Die Tannine sind im Mund deutlich zu spüren, doch von der Frische ausgeglichen. Der Wein ist kräftig, doch trotz eines zunächst etwas wilden Wesens nicht brutal. Man müßte ihn weitere zehn Jahre lagern.

Domaine Huet

Den schönen Namen „Garten von Frankreich" führt diese Region sicherlich zu Recht. Die sanften Landschaften, das zarte Licht und das milde Klima – alles trägt zur heiteren Ruhe bei. Der Weinanbau erscheint im vierten Jahrhundert mit der Gründung der ersten Klöster. Oberhalb von Tours, am rechten Loire-Ufer, wurde in Vouvray das 372 vom Heiligen Martin gegründete Kloster von Marmoutiers angesiedelt. Im Laufe der Jahre haben die französischen Könige dieser angenehmen Region ihren Stempel aufgeprägt und machten sie zur bevorzugten Stätte ihrer hedonistischen Aktivitäten: Kunst, Jagd, Essen und Trinken … und Liebe. Hier entstand die „Art de vivre à la française". Ihr bekanntester Sänger, der in Chinon, einige Meilen von Vouvray, geborene Sonderling Rabelais, fand dort die Hauptquelle seiner Inspiration. Behauptete er nicht als einer der ersten, daß Speis und Trank derselben harmonischen Synthese, der Synthese von Materie und Geist, entsprangen? Seine Vergangenheit als Mönch und seine Erfahrung als Arzt verliehen ihm eine gewisse Grundglaubwürdigkeit, und er versagte es sich nicht, lautstark zu verkünden, daß gutes Essen und guter Wein mehr für die Gesundheit bewirken können als Diäten und Entbehrungen. Es war vor fünf Jahrhunderten, und das Loiretal war schon schön.

Die 1928 in Vouvray gegründete Domaine Huet schließt heute einen 35 Hektar Weinberg starken Betrieb in der Nähe der Loire-Ufer ein, die der königliche Fluß im Laufe der Jahrhunderte langsam ausgeschnitten hat. Durch diese Erosion entstanden im Boden Taschen unterschiedlicher Tiefe und unterschiedlicher Art. Die Domaine Huet hat nicht versucht, diese natürlichen Eigenarten auszugleichen. Ganz im Gegenteil. Drei ihrer Weine stammen von diesen einen Flurnamen tragenden Orten: Le Haut-Lieu, Le Mont, Le Bourg. Das Vouvray-Gebiet stellt lediglich Weißwein aus einer einzigen Rebsorte, dem Chenin Blanc, her. Aber je einfacher die Grundlage, desto größer ist die Mutter Natur eingeräumte Freiheit, denn schließlich ist sie der Ursprung der verschiedenen Weinnuancen der Region. Noël Pinguet, der für die Weine des Gutes verantwortlich zeichnet, hält sich streng an dieses Verhalten. Man kann endlos über die relative Bedeutung dieses oder jenes Elements – der Rebsorten und der Anbauarten, des Bodens und des Untergrunds, des Klimas und des Mikroklimas, der Zeitpunkte und Methoden der Weinlese, der Bereitungs- und Ausbautechniken – bei der Herstellung eines

Oben: Der Weinberg von Haut-Lieu im winterlichen Morgendunst.
Rechte Seite: Die im Kalktuff gegrabenen Keller bieten ideale Bedingungen für die Lagerung der Weine.

Die Höhlenwohnungen sind im Kalkfelsen eingebettet.

großen Weines diskutieren; wer den Wein macht und kostet, kann sich auf all dies berufen. Die Tatsache, daß man sich hier in Vouvray mit einer einzigen Rebsorte begnügt, ermöglicht es, die boden- und klimabedingten Unterschiede deutlicher hervorzuheben, deren jährliche Variationen den in der Rebe natürlich vorhanden Zuckergehalt verändern können.

Man muß keineswegs Weinbereitungsfachmann sein, um zu begreifen, daß der Wein als Produkt eines von Jahr zu Jahr so stark variierenden Rohstoffes keine standardisierte Ware mit unveränderlichem Geschmack und unveränderlichen Eigenschaften sein kann. Wenn Noël Pinguet von seiner Auffassung des Weines erzählt, ist dies eine wahre Lehrstunde in Klarheit und Bescheidenheit den komplexen, unzählige Entscheidungen auslösenden Phänomenen gegenüber. „Der Winzer steht im Dienste der Rebe und nicht umgekehrt. Ein großer Wein entsteht von selbst; man baut ihn aus, aber man korrigiert ihn nicht!“ Die Anbaumethoden berücksichtigen in der Domaine Huet nach Möglichkeit die Umwelt. Und eben in diesem Begriff der Individualität eines jeden Weines liegt die Genialität der Vouvray-Weine aus der Domaine Huet begründet. Je nach Jahrgang weisen die Trauben der drei obengenannten Orte bei der Weinlese einen unterschiedlich hohen Zuckergehalt auf. Ist der Herbst schön, so erntet man später, um die natürliche Zuckerkonzentration in der Rebe steigen zu lassen. So kann man mit den Reben jeder Parzelle bis zu drei Sorten Wein herstellen: einen trockenen, einen feinfruchtigen und einen vollmundigen.

Die Vouvray-Jahrgangsweine weisen eine außergewöhnliche Haltbarkeit auf und können ohne Risiko dreißig oder vierzig Jahre gelagert werden. Es werden Jahrgänge jenseits jeder Norm erwähnt – 1947, 1959, 1989 und 1990 –, deren Weine gewappnet sind, um hundert Jahre alt zu werden. Diese Haltbarkeit erklärt sich in der Tat durch die richtige Ausgewogenheit zwischen dem Körper der edlen Süße und dem betonten, stabilisierenden Säuregehalt.

Verkostung

◆ *Cuvée Constance 1995*

Dieser Wein ist das Ergebnis eines Verschnitts von drei Orten des Weinguts. Die Farbe ist für einen Vouvray-Wein jenseits jeder Norm – eher golden anstatt des herkömmlichen blassen Grüngelb. Die Nase ist sehr komplex, erinnert an Sherry, Linde und Holz. Er ist ungeheuer stark und langanhaltend im Mund. Trotz des sehr öligen Charakters ist die Frucht fein wie Spitze. Das Ganze ist sehr harmonisch, lang, glatt und lebendig.

La Coulée de Serrant

Warum sollte man keinen Zusammenhang zwischen der besonderen Leuchtkraft eines bestimmten Ortes und der spezifischen Natur des an diesem Ort produzierten Weines sehen? Hier führt alles dazu. Unterhalb von Angers, wo die Loire ihre Reisegeschwindigkeit in Richtung Atlantik einzuschlagen beginnt, hat das Licht des Loiretals zugleich den silbernen Glanz der Küste und die durchscheinende Sanftheit der Talmulden des Anjou. An dem Ufer der Loire, an der Stelle, an der die Coulée de Serrant, also der Bach von Serrant, in den Fluß mündet, erheben sich zwei Steinobelisken, die die Aufmerksamkeit des Reisenden auf einen ihrer würdigen Ort lenken zu wollen scheinen.

Der Weinberg von La Coulée de Serrant produziert – eine Seltenheit – Weine, die Lebhaftigkeit und Süße, Stärke und Feinheit vereinen. Vielleicht ist dies das Ergebnis jener besonderen Osmose, die man an Flüssen zwischen Wasser, Luft und Erde beobachten kann und die sich im Wein durch eine Fülle von leichten, kräftigen und mineralischen Noten ausdrückt und daran erinnert, wenn dies überhaupt nötig sein sollte, daß die Rebe in einem zumindest komplexen Boden wurzelt. Die Hänge des Weinberges verlaufen bald zum Fluß, bald zur Talmulde der Coulée hin und weisen unterschiedliche Gefälle auf, die manchmal so stark sind, daß keinerlei Maschine den Anbau unterstützen kann. Wie der Fluß, der unten Boden und Felsen langsam aushöhlt, wendet und windet sich die Rebe, um den Schieferfelsen zu durchdringen, und die dabei entstehenden gewundenen Formen zeugen von den widersprüchlichen Einflüssen, denen sie in ihrer Geschichte ausgesetzt wurde.

Links: Der Weinberg macht auf dem Hügelgipfel einen runden Rücken, bevor er sich zum Loire-Ufer hin hinabsenkt.
Oben: Das Priorat von La Coulée de Serrant, eine Insel der Ruhe für Nicolas Joly.

Die genaue Datierung der Geburtsurkunde eines Weinbergs ist immer eine Sache des Zufalls, doch kann man, ohne ein großes Risiko einzugehen, den Ursprung des Weinbaus an der Coulée de Serrant auf das zwölfte Jahrhundert zurückgehen lassen, als die Mönche der Abtei Saint-Nicolas von Angers bereits Wein anbauten. Davon zeugt die benachbarte Anhöhe, die dem anderen Grand Cru von Savennières, La Roche aux Moines, ihren Namen gab und ihre über sechs Jahrhunderte lange Anwesenheit auf diesem Boden festgehalten hat. Der gesamte Weinberg der Coulée umfaßt sieben in drei Parzellen unterteilte Hektar: Le Grand Clos, Les Plantes und Le Clos du Château, wobei jede von ihnen eine eigene Lage und ein eigenes Gefälle aufweist. Dort findet sich eine einzige Rebe: der Chenin blanc, der hier Pineau de la Loire genannt wird, dessen lebendiger und lebhafter Charakter von der Beschaffenheit des Bodens dieser Hänge noch unterstützt wird. Und wer durch den Weinberg spaziert, spürt dies auch, wenn er nicht nur gegen das Gefälle, sondern auch gegen die Hinterlist des aus Schieferbrocken bestehenden Bodens kämpft, um das Gleichgewicht zu wahren. Aufgrund all ihrer Eigenarten genießt La Coulée de Serrant einen besonderen Status: Die sieben Hektar bilden eine vollwertige Appellation an sich wie Château Grillet im Rhônetal.

La Coulée de Serrant gehört der Familie Joly. Für Nicolas Joly, der das Gut leitet, steht die Identität des Terroirs im Mittelpunkt aller Dinge; *sie* führt zu dem Schluß, daß die Originalität eines Weines von der besonderen, sich zu einem bestimmten Zeitpunkt zwischen Rebe, Boden und Umgebung ergebenden Synthese abhängt. In diesem Sinne wendet er in seinem Weinberg seit etwa fünfzehn Jah-

ren eine natürliche, als biodynamisch bezeichnete landwirtschaftliche Methode an. Und wenn er dem neugierigen Besucher seine Kühe mit demselben Stolz wie seine Rebstöcke zeigt, liegt dies daran, daß er alle Dinge der Natur auf die gleiche Weise betrachtet. Der biodynamische Anbau betrachtet den Boden als eine dank ihrer Mikroorganismen lebende Materie, welche die Schätze des Bodens an die Wurzeln der Pflanzen überträgt. Daraus ergibt sich zum Beispiel, daß der natürlichen Widerstandsfähigkeit der Pflanzen gegen Krankheiten jeder anderen Methode gegenüber der Vorzug gegeben wird. Nicolas Joly behauptet nicht, daß es genügt, den biodynamischen Anbau anzuwenden, um einen guten Wein zu machen, doch diese Methode impliziert eine große Fähigkeit zur Beobachtung der Natur und die Suche nach den Ursachen hinter der Wirkung und stellt somit das Gegenstück zu der alle Bodenerzeugnisse bedrohenden Standardisierung dar. Viele der in diesem Buch vorgestellten Weingüter haben sich mit Erfolg daran versucht, indem sie die chemische Behandlung von Böden und Reben abgeschafft haben.

Linke Seite: Das Schloß von La Roche aux Moines (oben) verdankt seinen Namen den Mönchen von Saint-Nicolas. Die Bibliothek des Schlosses (unten).
Oben: Die Kamille ist zur Bereicherung der Identität des Weines da.
Unten: In diesem Keller wird einer der größten Weißweine der Welt ausgebaut.

Verkostung

Es wird stark empfohlen, diesen Wein etwa fünfzehn Jahre zu lagern, bevor man ihn trinkt, damit sich die außerordentliche Fülle der Aromen entwickeln kann. Im Gegensatz zu einfacheren Weißweinen darf er nicht zu kühl serviert werden. Ideal wäre die Temperatur eines guten Kellers, um 14 °C.

◆ *La Coulée de Serrant 1994*
Die noch verschlossene Nase erinnert an trockene Früchte, Honig und Linde. Im Mund ist er zugleich frisch und körperreich, mit einer faszinierenden Abfolge von Trockenem und Halbtrockenem in einer langen und glatten Liebkosung.
Die Frische verschmilzt mit der Stofflichkeit des Weines, die dicht, jedoch nicht ölig erscheint. Das Ganze weist eine große Finesse auf.

◆ *La Coulée de Serrant 1976*
Die bernsteingoldene Farbe zeigt eine große Intensität. Die Nase enthüllt eine breite Duftpalette, vom Mineralischen zum Pflanzlichen. Dank des Sauerstoffs wird dann das jugendliche Ungestüm gebändigt und die Entfaltung von Orangenschalendüften und dessen, was an durch die Sonne erhitzte Steine erinnert, ermöglicht. Dieser Wein muß nicht kühl serviert werden, damit man seinen dynamischen Charakter ermessen kann. Wir kosteten ihn bei 17 °C; eine kräftige, aber liebliche Säure unterstrich auf köstliche Weise die glatte Textur.
Die langandauernden Aromen verbanden Früchte und Mineralien.

Sassicaia

Am Ende des Zweiten Weltkrieges ließ sich ein italienischer Liebhaber großer Bordeaux-Weine, der Marchese Mario Incisa della Rochetta, mit seiner gesamten Familie auf einem 50 Kilometer südlich von Livorno gelegenen, aufs Mittelmeer ausgerichteten Familienanwesen nieder. Die Zeit war zur Beschaffung seiner Lieblingsweine natürlich nicht sehr günstig und die damalige lokale Produktion nicht dazu geeignet, seinen anspruchsvollen Gaumen zu befriedigen. Der Marchese beschloß, seinen Wein selbst anhand von französischen, aus Château Lafite stammenden Rebsorten herzustellen. Ein echter italienischer Grand Cru sollte entstehen... aber nicht sofort. Denn wenn man den Freunden des Marchese Glauben schenken kann, wurden die ersten, aus dem kleinen, auf 1,5 Hektar des Weinguts San Guido gepflanzten Weinberg stammenden Jahrgänge ohne Umschweife für schlicht untrinkbar befunden. Lag dies an dem eigenen Charakter dieses Weines oder an den etwas handwerklichen Bereitungsmethoden? Der geschmackliche Schock war jedenfalls da, und er war stark abschreckend. Und auch als sich der Wein später verfeinerte, konnte von Verkauf keine Rede sein, denn der Marchese hatte beschlossen, die Produktion auf den Familienbedarf einzuschränken. So konnten fünfzehn Jahre lang nur einige privilegierte Verwandte und Gäste den Wein des Weingutes San Guido kosten. Erst als sein Sohn Niccolo das Unternehmen übernahm, entwickelte sich die Lage unter dem unterstützenden Einfluß einer ständig steigenden Nachfrage derer, die den Wein bereits kennengelernt hatten.

Links: Die erste Parzelle von Sassicaia in einer hohen Talmulde hinter dem Schloß von Castiglioncello.
Oben: Die fünf Kilometer lange, von der Urgroßmutter des jetzigen Besitzers von Sassicaia gepflanzte Zypressenallee.

1968 war der erste kommerziell vertriebene Jahrgang. Zuvor war die Fläche des Weinbergs unter anderem durch die Bepflanzung eines Ortes namens Sassicaia, also „steiniger Ort", vergrößert worden. Eben dieser Ort verlieh dem gesamten Weinberg seinen Namen und erbrachte damit auch den Beweis dafür, daß Italien durchaus in der Lage ist, manche Traditionen in Frage zu stellen, um Weine zu produzieren, die es mit den berühmtesten der Welt aufnehmen könnten. Eben dies geschah bei der 1978 von Hugh Johnson in London veranstalteten internationalen Verkostung, als der 1975er Sassicaia als bester der von der Cabernet Sauvignon-Rebe stammenden Weine beurteilt wurde. Seitdem drängen sich Kunden aus aller Welt, um zumindest eine Kiste dieses großen Weines erwerben zu können.

Auch wenn er diese Kommerzialisierung nicht gewünscht hatte, da er eine immer mögliche Vereinheitlichung seines Weines befürchtet hatte, erwies sich Mario Incisas Intuition als richtig. Für seinen Sohn Niccolo entsteht ein großer Wein in erster Linie im Weinberg. Aber warum mußte man dann bis zur Mitte des zwanzigsten Jahrhunderts warten, bevor auf diesem wunderbaren Terroir Wein produziert wurde, obgleich Italien ansonsten seit Jahrtausenden von Rebstöcken bedeckt ist? Dieses kürzliche Hervortreten erklärt sich zweifellos aus den Schwierigkeiten, denen die Bevölkerung in den vergangenen Jahrhunderten bei der Ansiedlung in dieser Region begegnete. Man darf die häufigen Streifzüge der aus Korsika, Sardinien oder anderswoher stammenden Piraten nicht vergessen, die die Einheimischen zwangen, nur bis zur nächsten Ernte zu denken und sehr oft in die dichten Wälder zu flüchten, die das bergige Hinterland bedeckten. Die alte Burg Castiglioncello zeugt von diesen bewegten Zeiten. Der Einkehr des Friedens gesellte sich der Trumpf des Mikroklimas dieser Küstenregion hinzu: Während der furchtbare Winter von 1985 über 80 Prozent der Olivenbäume in der Toskana vernichtete, wurde dieses entzückend milde Gebiet als einziges verschont.

Wer sehr lagerfähige Weine sucht, dem bietet der Sassicaia den enormen Vorteil, zu jedem Zeitpunkt seines Lebens getrunken werden zu können. Deshalb ist es so schwierig, ihn auf Auktionen zu erwerben, wobei diese eine gute Quelle zum Einkauf von großen Weinen darstellen. Die Leiter von Sassicaia machen keinen Hehl daraus: Ihr Ziel ist es, einen Wein zu produzieren, der jederzeit Genuß verschaffen kann. Und wenn man mit dem Marchese Niccolo in seinem schlichten Kellerlager einen Wein verkostet, ist es unnötig, sich in geschraubten Kommentaren über dieses oder jenes im Glas oder in der Einbildung entdeckte Aroma zu

Links: Der Glockenturm der Kapelle von Castiglioncello, der die ältesten Weinberge von Sassicaia überragt.
Oben: Die Tenuta San Guido, die den Firmensitz von Sassicaia beherbergt.

Die Verbindungen von Sassicaia

Ein großer Wein kann mit vielerlei Gerichten verbunden werden. Beim Sassicaia kann man die Geschichte des Landes zu Wort kommen lassen und die nach einem Rezept des Vaters des Marchese Niccolo zubereitete Polenta alla Incisa mit einem Täubchen in Blutsoße servieren.

verlieren; es reicht aus, zu sagen, daß es schmeckt! Seine ebenfalls schnörkellos denkende Urgroßmutter pflanzte eine 5 Kilometer lange Zypressenallee, um ihr Gut mit dem Dorf Bolgheri zu verbinden. Ein legendärer Wein erzeugt seine eigenen Geschichten: Eines Tages lasen die Carabinieri auf der Straße nach Livorno einen amerikanischen Anhalter auf. Er war völlig erschöpft, hatte keine einzige Lira in der Tasche und konnte nur noch ein einziges Wort stammeln: Sassicaia! Oder sollte man lieber jene kanadischen Weinfreunde erwähnen, die mitten im Winter in Toronto Schlange vor dem einzigen Geschäft standen, in dem Sassicaia als Primeur zu erwerben ist, und schließlich einen Klub mit dem zumindest gewagten Motto gründeten: „I froze my ass to get my sass!"

Verkostung

In Sassicaia wird ein einziger Wein hergestellt. Die Jahrgangsweine lagern circa zwei Jahre in Eichenbarriques.

◆ *1988*
Sehr frisch und reintönig. Köstliche und sehr ausdrucksreiche Frucht und glatte Textur. Edler Wein, der die Finesse illustriert, die ein Rotwein haben kann.

◆ *1985*
Sehr kompletter Wein. Deutlich massiver als der 1988er, mit gerade zurückgehaltener Kraft. Wundervoller Wein, von dem man noch lange Genuß erwarten kann.

Bruno Giacosa

Als die Griechen im achten Jahrhundert v. Chr. auf die italienische Halbinsel kamen, fanden sie überall Weinberge und nannten das Land daher Oenotria, das „Land des Weines". Heute ist Italien noch immer der weltweit größte Weinproduzent; der Weinanbau ist in allen Provinzen, im Norden wie im Süden, allgegenwärtig. Das 1963 eingerichtete System der kontrollierten Bezeichnungen spiegelt die Reichhaltigkeit und die Vielfalt der Produktion wider. Das Piemont im Nordwesten des Landes, an der französischen Grenze, ist mit über vierzig klassifizierten Gebieten – ein Rekord in Italien – die vollkommene Illustration dafür. Eben in der im übrigen für ihre weißen Trüffel bekannten Region von Alba finden sich zwei der ältesten und prestigereichsten italienischen Bezeichnungen: der Barolo und der Barbaresco, die beide den höchsten Rang in der Denominazione di Origine Controllata e Garantita, der DOCG, belegen. Diese beiden Bezeichnungen stehen im Mittelpunkt der neuen Blütezeit, die die hochwertigen italienischen Rotweine seit ungefähr dreißig Jahren erfahren. Ihre klimatischen Bedingungen und ihre Rebsorte sind identisch, sie nutzen ähnliche Terroirs und sind nur einige Kilometer voneinander entfernt, und doch weisen sie Unterschiede, genauer gesagt: Nuancen auf. Wenn der Barolo auch strenger und haltbarer ist, haben beide in Wirklichkeit doch jenen Charakter und jene starke Identität, die sie eindeutig von jedem anderen Wein unterscheiden. Was steckt hinter dieser „Persönlichkeit"? Eine solche Frage führt wie immer beim Wein dazu, all seine

Links: Das Gut Faletto von Bruno Giacosa, mit dem Dorf Serralunga im Hintergrund.
Oben: Die Gärbehälter in den tadellos gepflegten Kellerlagern.

Komponenten zu betrachten. Zunächst die einzige – rote – Rebsorte: die Nebbiolo-Rebe. Für den Reisenden auf den Straßen Norditaliens hat das Wort durchaus eine gewisse Vorstellungskraft: *nebbia* bedeutet „Nebel". Schilder am Straßenrand erwähnen ihn oft. Die Nebbiolo ist genauso launisch wie diese Straßen und schwer anzubauen.

Bis zur Mitte des neunzehnten Jahrhunderts wurde sie zur Herstellung süßer Weine verwendet und erfuhr dank des Grafen Cavour, des Architekten der italienischen Einigung, eine neue Zuordnung. Cavour, dessen Familienbesitz im schönen Piemont wurzelte, bemühte sich darum, die damalige Produktion in trockene und lagerfähige Rotweine umzuwandeln. Dieser große Verehrer Frankreichs im allgemeinen und seiner Weine im besonderen ging mit gutem Beispiel voran und ließ einen französischen Kellermeister, Louis Oudart, kommen, der die Winzer davon überzeugen sollte, ihre Herstellungsmethoden zu ändern. Ein Jahrhundert später waren die Ergebnisse offenkundig, und die Qualität der Barolo- und Barbaresco-Weine wurde 1963 von der Reglementierung der DOCG bestätigt und geschützt.

Wenig später, ab den 70er Jahren, begünstigte die Einführung moderner Bereitungstechniken die Bedingungen einer zweiten Revolution: Da man den Wein besser verstand, konnte man ihn besser beherrschen. Aber sollte man deswegen die Einzigartigkeit dieser Region von Langhe, ihr Terroir aus Kalkhügeln und in Terrassen gepflanzten Rebstöcken vergessen, das eine große Verschiedenartigkeit in der Lage und Höhe der Parzellen ermöglicht?

Das Dorf Neive faßt die ganze Geschichte der Region zusammen. Über einen steilen und mit Rebstöcken bedeckten Hügel gelangt man zum alten Dorf mit seinen gepflasterten Gassen, seinen Türmen und Kampanilen und einigen Überresten des ehemaligen Schlosses. Das moderne Dorf liegt unten an der Straße. Dort befinden sich die funktionalen und tadellos sauberen Kellerlager des Bruno Giacosa, dessen Familie seit drei Generationen Wein macht. Das Äußere der Gebäude zielt nicht auf die Anwerbung von Kunden. Dies gilt auch für Bruno Giacosa, für den das Wichtigste der Wein ist – der Wein, dessen Flaschen seinen Namen tragen. Und um einen guten Wein zu machen, bleibt die Reihenfolge für ihn sehr einfach: Zuerst kommt die Rebe, dann die Weinbereitung, schließlich der Reifungsprozeß. Er ist außerdem der Meinung, daß es keine Worte gibt, um einen großen Wein zu beschreiben, und er überläßt es anderen, darüber zu reden, begnügt sich dabei mit einem Nicken, um Zustimmung zu signalisieren.

Wenn es um die Bereitung der Barolo- und Barbaresco-Weine geht, tritt Bruno Giacosa zwar als leidenschaftlicher Verfechter einer traditionellen Vorgehensweise auf – so behielt er zum Beispiel die Holzfuder für den Ausbau bei –, doch seine tadellosen Anlagen zeigen, daß er die Lektionen der modernen Önologie

gut aufgenommen hat. Seine Tochter Bruna unterstützt ihn mit überschäumender Energie und trägt in erheblichem Maße dazu bei, den Ruf seiner Weine zu verbreiten, von denen 60 Prozent für den Export bestimmt sind.
Er hat zur Zeit ein großes Problem: Wie soll er die zahlreichen Liebhaber vertrösten, deren Aufträge nur durch eine Verdreifachung der aktuellen Produktionsmenge ausgeführt werden könnten? Diese Produktion verteilt sich im übrigen auf verschiedene Weinsorten und verschiedene Appellationen. Auch wenn der Barbaresco und der Barolo, die aus wie bei den Burgunder Crus nach Flurnamen benannten Weinbergen stammen, Bruno Giacosas Aushängeschilder sind, stellt er auch das her, was von vielen als einer der besten Spumante Italiens betrachtet wird. B. Giacosa besitzt einen wunderbar gelegenen Weinberg in der Nähe des Dorfes Serralunga d'Alba, im Barolo-Appellationsgebiet, produziert aber ebenfalls mit zugekauften Trauben.

Linke Seite: Einer der Kirchtürme des Dorfes Neive.
Unten: Dolce Vita im Piemont.

Verkostung

Die großen Barolo- und Barbaresco-Jahrgänge sind 1961, 1964, 1967, 1971, 1978, 1982, 1985, 1988, 1989 und 1990. Um diese Liste ergänzen zu können, wird man noch einige Zeit warten müssen, da die Weine mindestens drei Jahre reifen müssen, bevor sie ihre Bezeichnung erhalten können.

◆ Barbaresco Asili 1990

Dieser aus dem Weingut von Bruno Giacosa stammende Wein ist wunderbar. Die Nase läßt sich schlecht mit anderen Weinen vergleichen, außer vielleicht mit einigen Aspekten der alten Burgunder. Die rote und schwarze, pflaumenähnliche Frucht entspricht einem jungen und dichten Wein, doch die darauffolgenden Aromen erinnern an Trüffel und Tierfell, wie man sie im allgemeinen bei älteren Weinen findet. Im Mund ist er zugleich geschmeidig und tanninreich. Die feine und doch intensive Frucht erinnert an Luft und Erde. Der Nebbiolo-Rebe gelingt es, Finesse und Stärke zu verbinden.

◆ Barolo Faletto 1990

Die Nase dieses Weines zeugt erneut von der Komplexität und der Harmonie, zu denen die großen Barolo-Weine fähig sind. Hinter der fast animalischen Dichte bringt ein leichter rauchiger Akzent eine elegante Note. Im Mund offenbart sich noch mehr Fülle. Trotz der vielen Tannine, die sie einschließen, bleibt die Frucht vorhanden und wird nie erdrückt. Trotz des langanhaltenden Charakters und der Stärke büßt er nicht an der für die Weine dieser Region charakteristischen Frische ein.

Gaja

Die von Wechselfällen gekennzeichnete Geschichte des Weines schwankt zwischen kurzen, eher ausdrucksreichen Perioden der Bewegung und langen Zeiten der Kontinuität und der Introspektion. Angelo Gaja gehört zu denjenigen, die in Italien eine dieser Perioden der Bewegung ausgelöst haben. Seit er sich in den sechziger Jahren dem Familienbetrieb in Barbaresco anschloß, folgten Innovationen aufeinander, deren Liste für sich spricht: Verbesserung der Schnittmethoden, Entscheidung für den Verkauf von ausschließlich aus seinem eigenen Weinberg stammenden Weinen, Herstellung von „Monocrus"-Weinen, Änderung der Bereitungs- und Ausbautechniken, Positionierung der Weine auf einem den besten Weinen der Welt entsprechenden Preisniveau, Einführung eines italienischen Vertriebsnetzes, das auch die besten Weine der Welt vertreibt, Einpflanzung der besten französischen Rebsorten, regelmäßige Ankäufe der besten Parzellen der Barbaresco- und Barolo-Weinberge und in neuerer Zeit Erwerb des Schlosses von Barbaresco gegenüber der Kellerlager und der Büroräume von Gaja. Kurzum – Angelo Gaja hat mit einer Handvoll dynamischer und ehrgeiziger Winzer dazu beigetragen, den Begriff des großen Weines in einem Land glaubwürdig zu machen, das bis vor kurzem noch wie einige aktuelle Trattorias der Meinung war, daß es nur zwei Sorten Wein gibt: den Bianco und den Rosso.

Die aus Spanien stammende Familie Gaja wanderte im siebzehnten Jahrhundert ins Piemont ein. Angelo Gajas Urgroßvater gründete 1859 das Weingut. Der heute rund 80 Hektar umfassende Weinberg bildet die einzige Versorgungsquelle des Hauses. Eine doppelte Entscheidung bestimmt dessen Zusammensetzung: zunächst für den Schutz und die Aufwertung der traditionellen Rebsorten und Terroirs des Barbaresco, des Barolo und des Alba; dann für einen einer aus französischen Rebsorten stammenden Produktion gewidmeten Minderanteil von circa 20 Prozent. Im Dörfchen Barbaresco sucht man vergebens nach einem Schild, das auf ein Kellerlager hindeuten würde, jenes Kellerlager, aus dem 80 Prozent der Weine weltweit exportiert werden und dessen eindrucks-

Ganz oben: Die Sanftheit der Hügel von Langhe; eine kleine Parzelle des Gaja-Weinberges bei Barbaresco.

Oben: Der verborgene Schatz alter Jahrgänge, der kürzlich bei Arbeiten im Keller der Gaja entdeckt wurde.

Oben: Hier stehen die traditionellen Fuder neben Barriques und Behältern aus rostfreiem Stahl.

voll auf den Etiketten erscheinender Name für die anerkannten Werte des Anspruchs und der Innovation stehen. Ein großes, unauffälliges dunkelgrünes Eisentor ist das einzige äußere Zeichen, durch das man das dezidiert funktionale fünfstöckige Kellerlager, den großen schönen gepflasterten Hof und Büroräume von seltener Eleganz zu entdecken vermag. Und nach eingehenderem Gespräch erfährt man, daß das Unternehmen nicht direkt an die örtlichen Verbraucher verkauft, wie es in Italien üblich ist, wo der Kleinhandel im Weinvertrieb noch eine große Rolle spielt. Diese Haltung erstreckt sich bis zu den Flaschenetiketten, deren große graphische Prägnanz den Willen zur scheinbaren Nüchternheit kaum verbergen. Überall ist die Botschaft deutlich – die Botschaft einer starken, doch schmucklos ausgedrückten Verbindung von Tradition und Modernität.

Es gibt Anekdoten, die viel über die Männer des Weines erzählen. 1973 bekam Gaja Besuch von Robert Mondavi. Nach einem Rundgang durch die Weinberge der Region fragte Mondavi Gaja, ob er nicht ein Geräusch in der Luft bemerkt habe. Da Gaja nichts Besonderes gehört hatte, fügte Mondavi hinzu: „Dann muß ich mich getäuscht haben." Gleiches ereignete sich an der Terrasse des Restaurants nach dem Mittagessen. Nachdem sie gegen Ende des Nachmittags weitere Weinberge besichtigt hatten, wiederholte Mondavi seine Frage zum dritten Mal. Gaja fragte, was dieser Witz solle. Mondavi antwortete: „Hören Sie nichts? Hier schnarchen die Leute Tag und Nacht." Gaja machte sich diese Lektion über das in dieser Region schlummernde Potential zunutze.

Trotz seiner stark ausgeprägten Neigung zur Innovation bekundet Gaja auch eine uneingeschränkte Treue seiner Familiengeschichte und der Identität des Terroirs in diesem Tal des Piemonts gegenüber, wie es die Verwendung von Wörtern aus dem piemontesischen Dialekt auf den meisten seiner Etiketten und die Bezüge auf Mitglieder seiner Familie beweisen. So heißt ein aus dem Cabernet Sauvignon bereiteter Wein „Darmagi", das piemontesische Wort für „schade". Warum? Weil sein Vater dieses Wort ständig wiederholte, wenn er diesen früher mit Nebbiolo bepflanzten Weinberg betrachtete.

VERKOSTUNG

Barbaresco Sori San Lorenzo 1990
Die Qualität der Jahrgänge 1991 und 1992 wurde als zur Herstellung eines Jahrgangsweines unzureichend erachtet. San Lorenzo ist der Schutzpatron der Stadt Alba. Die Nase weist eine wunderschöne Konzentration und Eleganz auf. Im Mund ist er markig und entwickelt sich ziemlich schnell zu sehr jungen und kräftigen Tanninen. Aber das Ganze ist rundlich. Trotz seiner Jugend bleibt dieser Wein harmonisch, mit einem langen Abgang.

◆ *Barolo Sperss 1991*
Bis 1961 produzierte Gaja einen mit bei anderen Winzern angekauften Trauben hergestellten Barolo. Die Entscheidung, nur noch Weine aus den eigenen Weinbergen zu produzieren, zwang ihn dazu, den Barolo, die prestigeträchtigste Appellation des Piemonts, aufzugeben. Als die Gelegenheit sich bot, einen wunderschönen Weinberg in der Nähe des Dorfes Serralunga zu erwerben, beschloß Gaja, den künftigen Wein Sperss zu nennen, was im Piemontesischen „Sehnsucht" bedeutet. Die Nase ist sehr hübsch, elegant und intensiv zugleich. Die frische Frucht bleibt intakt im Mund und wird durch die Säure unterstrichen. Die Tannine ermöglichen einen langen Dialog, ohne aggressiv zu werden. Der Wein ist fein, rassig und kräftig.

Bodegas-Vega Sicilia

Valladolid, in Alt-Kastilien, erlebte seine Glanzzeit im siebzehnten Jahrhundert, als es Hauptstadt von Spanien war. Es wurde dann ruhiger, und seine einstige Berühmtheit hatte kaum Einfluß auf den Ruf des Weinbergs von Vega Sicilia, der 1860 eingepflanzt wurde. Es bestand zwar bereits im Duero-Tal wie in vielen europäischen Regionen mit gemäßigtem Klima eine Weinbautradition, doch der sehr alte Ruf ihrer Weine war zugegebenermaßen nie über die Grenzen der Region hinausgegangen. Und seit der Einführung der Eisenbahn boten Burgos, Salamanca und Valladolid als wichtigste Städte des Königreiches Kastilien-León für die lokale Produktion genügend Absatzmöglichkeiten. Warum sollte man dann mehr produzieren? Der Duero, der dann durch Portugal fließt, ist von der spanischen Grenze an nicht mehr schiffbar, und auch wenn er es gewesen wäre, wäre der Zugang zum Meer und daher jede Fahrt zu den Ländern des Nordens aufgrund der zahlreichen spanisch-portugiesischen Kriege unmöglich gewesen.

Wenn man von Portugal aus über eine moderne, doch unglaublich gewundene Straße flußaufwärts durch das Douro-Tal fährt, kann man die Veränderung der Landschaft besser beobachten. Vor der Grenze ist sie wild, bergig, beinahe eine Mondlandschaft. Wenn dann der Douro zum Duero wird, ist die Ebene weit und fruchtbar, von Flüssen und Felsenhügeln geprägt. Und die Städte, durch die man fährt, erinnern – sollte es nötig sein – an die Geschichte der Region: Ciudad Rodrigo, Salamanca und Burgos, Festungen längst vergangener Kriege. Auf die portugiesische „Wüste" folgen schöne Kornfelder und üppige Wiesen, auf denen mehr oder weniger friedliche Rinder weiden. Dann kommen die Wälder. Während die lusitanische Vegetation dicht und vielfältig ist, sind die Bereiche hier einheitlicher von der Eiche oder der Pinie beherrscht. Die für Kastilien typischen, etwas strengen Flächen erstrecken sich westlich von Valladolid in Richtung Soria, bis der Duero seine Erosionsarbeit deutlich werden läßt, die langsam auf die Kalkhänge ausübt, zwischen denen er fließt. Es ist eine wunderschöne Landschaft, die der Dichter Antonio Machado so beschrieb: „Silberne Hügel, graue Hänge, malvenfarbene Felsen, zwischen denen der Duero seine armbrustartige Windung schlingt."

Im Frühling fällt die im Vergleich zu dem portugiesischen, geschützteren und durch die Nähe zum Ozean begünstigten Teil des Douro-Tals verspätete Entwicklung der Vegetation auf diesen spanischen Hochebenen auf. Die Winzer der Duero-Region räumen ein, daß diese Verspätung zu dieser Zeit bis zu drei oder vier Wochen betragen kann: Hier geschieht der Austrieb erst Anfang Mai, während die Rebstöcke im hohen Douro-Tal Anfang April bereits ein paar Blätter tragen. Hier sind die Temperaturunterschiede zwischen Sommer und Winter und zwischen Tag und Nacht so beeindruckend, daß ein lokaler Sinnspruch das Klima folgendermaßen beschreibt: „Neun Monate Winter, drei Monate Hölle" – kurzum, ein Klima der Extreme, dessen Auswirkung auf die Reifung der Reben leicht vorstellbar ist: Nach einem verspäteten Anfang geht alles sehr schnell.

Linke Seite: Alte im Gobelet geschnittene Tempranillo-Rebstöcke, die für die Ankunft des Frühlings bereit sind.
Oben: Nach dem Holz kommt das Glas. Der Vega Sicilia wartet die als erforderlich erachteten Jahre, bevor er bei seinen glücklichen Käufern ausgeliefert wird.

Auf einem hauptsächlich kalkhaltigen Boden, der in gewisser Weise an das Burgund erinnert, ist der Sortenbestand der Weine von Vega Sicilia zumindest originell. Der lokalen Tempranillo-Rebe, einer vornehmen Unbekannten mit niedrigem Gobelet-Schnitt, die den Weinberg mit einer 60prozentigen Mehrheit beherrscht, fügte der Gründer von Vega Sicilia Bordeaux-Rebsorten hinzu: Cabernet Sauvignon, Merlot und Malbec. Don Eloy Lecanda y Chaves, der erste Besitzer des Gutes, einer Finca, war kein Sizilianer; er hatte seine Finca nach der Familie Santos Sicilia benannt, der diese Grundstücke vor 1864 gehörten. Vega ist der spanische Name des Tals.

Wie bereits erwähnt wurde, hat Vega Sicilia seit seiner Gründung oft den Besitzer gewechselt, ohne daß das Gut jemals die einzige Beschäftigung des jeweiligen Besitzers gewesen wäre. Alle, die hier aufeinanderfolgten, haben Vega Sicilia stets

Oben: Das Schloß Johannas der Wahnsinnigen im Dorf Panafiel, in der Nähe von Vega Sicilia.
Unten: Die Gebäude beeindrucken durch ihre Größe und ihr nüchternes Aussehen.
Rechte Seite: Um die außergewöhnliche Reifung seiner Weine besonders zu pflegen, verfügt Vega Sicilia über eine eigene Küferei. Hier sieht man die Trocknung des Holzes vor der Verwendung.

als eine wunderbare Tänzerin betrachtet, der man nichts verwehrt, damit sie sich ihrer Berufung ganz und gar widmen kann und für die großen Weine Spaniens einen Maßstab bildet. Heute gehören diese Weine in der Tat zu den besten der Welt, doch mit jener stolzen Unabhängigkeit, an der man einen spanischen Grande erkennt. Dies beginnt bereits mit dem Vertriebsmodus. Um einen Vega Sicilia zu erwerben, muß man sich bewerben, in-

dem man sich in eine Warteliste einträgt. Je nach der Qualität seiner Bürgen erhält der Kaufkandidat irgendwann eine Gutschrift über einige Kisten des Nektars, die eingelöst werden kann, wenn der Verantwortliche entscheidet, daß der Wein nun zum Verkauf geeignet ist.
Die Besichtigung der Anlagen ist ebenfalls einen Umweg wert. In Begleitung des Technischen Direktors Mario Garcia wird man sich der Eigenart des Vega Sicilia in bezug auf den Weinausbau bewußt. Die Finca ist wie ein Militärstützpunkt bewacht, und ihr Äußeres beeindruckt sowohl durch die Größe der Gebäude als auch durch ihre schmucklose Nüchternheit. Das gleiche gilt für das Innere: die Strenge einer von allen Attributen des Kultes beraubten Kathedrale. Doch hinter der dauernden Kühle und dem Gigantismus der unzähligen Reihen aus Barriques und Fudern drückt sich die Spezifizität von Vega Sicilia aus. Denn Vega Sicilia verpönt das einfache System, das darin besteht, die Weine möglichst früh auf den Markt zu bringen, wobei es dem Kunden obliegt, auf den für den Genuß idealen Zeitpunkt zu warten, und liefert seine Flaschen erst nach fünf bis sechs Jahren aus – wenn sie getrunken werden können. Durch den langen Reifeprozeß kann sich

der Wein zuvor ganz natürlich läutern und Filtration vermieden werden.
Auf dem Gut werden drei Weine produziert: der Valbuena, der nach fünf Jahren Ausbau zum Verkauf freigegeben wird, der Unico-Jahrgangswein, der etwa zehn Jahre nach der Lese zur Verfügung steht, und schließlich der Unico Reserva Especial, ein „Mehrjahrgangswein", der anhand einiger bis zu zwanzig Jahre alter Weine verschnitten wird.

Verkostung

◆ *Valbuena 1991*
Sehr reife, fruchtige, fast verkochte Nase. Dieser relativ elegante Wein vermittelt den Eindruck von Feinheit, mit diskreten rauchigen Noten. Im Mund ist er abgerundet und sehr weich. Der Abgang ist frisch und die Stärke deutlicher als beim ersten Eindruck.

◆ *Vega Sicilia 1985 (erwerblich)*
Die dichte und schwarze Nase scheint am Anfang verschlossen. Dann öffnet sie sich auf Gewürze, Pfeffer und allerlei Mentholnoten. Der Eindruck im Mund ist süß und sinnlich: ein Bad schwarzer und roter Früchte, die sich allmählich entfalten. Die Struktur ist sehr fein, die deutlich spürbaren Tannine sind abgerundet. Die schöne Langhaltigkeit des Geschmacks endet in einer großartigen Frische. Ein faszinierender und komplexer Wein.

◆ *Vega Sicilia 1994 (aus der Barrique)*
Die Nase weist eine außerordentliche Konzentration und Stärke auf. Sie ist noch von der neuen Barrique geprägt, doch verrät sie einen stark ausgeprägten mineralischen Charakter und entfaltet komplexe Schichten tierischer Noten und schwarzer Früchte. Im Mund findet man die von der Nase angekündigte Konzentration wieder. Die Frucht unterstützt die anderen Empfindungen, ohne sie zu beherrschen. Es kommen Harz- und Minzaromen auf, die das Ganze beleben. Insgesamt verbinden sich Süße und Frische auf erstaunliche Weise.

TAYLOR'S

Taylor's Port

Die Geschichte des vor über drei Jahrhunderten gegründeten Hauses Taylor's faßt quasi die gesamte Geschichte des Portweines zusammen. Dieser Wein wurde zu Anfang für die aus England kommenden Händler hergestellt, die ihn gegen Stoffe und andere Produkte eintauschten. Später kümmerten sich die Engländer selber darum. Das Wahrzeichen von Taylor's – zwei von der Zahl vier gekrönte „X" – war ursprünglich eine Wollmarke und erinnert an diese Zeit. Während des siebzehnten und des achtzehnten Jahrhunderts explodierte der Markt für Portweine in Großbritannien. Durch die häufigen Kriege zwischen Frankreich und England waren die französischen Weine unerwünscht geworden, und der englische Zoll hatte die militärischen Auseinandersetzungen durch schwere Steuern bzw. schlichte Importverbote abgelöst. Diese kräftigen und schmackhaften Weine aus Nordportugal übernahmen die freigewordene Stellung.

Aber der Seeweg zwischen beiden Ländern war lang. Um ihre Weine kräftiger zu machen, verschnitten die Händler sie mit Weinbrand und merkten nach und nach, daß dieser Zusatz von Alkohol vor der Gärung einen Stil bildete, der auf elegante Weise Zuckergehalt und reichhaltige Frucht verbindet. Der Portwein, wie man ihn heute kennt, war geboren. Zu diesen Händlern zählte ein junger Mann aus Yorkshire, Job Bearsley, der sich 1692 in Portugal geschäftlich niederließ. Aus diesem Unternehmen stammt Taylor's Fladgate and Yeatman, kurz Taylor's, das im Laufe der Partnerschaften und Erbfolgen ein reines Familienunternehmen geblieben ist. Die ständige Suche nach der Vortrefflichkeit kennzeichnet dieses Haus. Hier werden die Weine im Durchschnitt zweimal länger gelagert, als in der Branche üblich ist; der Anteil der Jahrgangsportweine in der Produktion ist höher als überall sonst, und ihre Preise sind erheblich höher als diejenigen ihrer Konkurrenten. Schließlich deutet alles darauf hin, daß die ersten Abfüllungen von Jahrgangsportweinen 1775 erfolgten, also zehn Jahre vor den ersten Abfüllungen der Bordeaux-Châteaux, darunter Lafite. Dies ist nicht die einzige Parallele zwischen Jahrgangsportweinen und großen Bordeaux-Weinen. Michael Broadbent, einer der erfahrensten Verkoster dieser beiden Weinsorten, verglich Taylor's gern mit dem Premier Cru classé von Pauillac, dem Château Latour. Seiner Meinung nach gibt es offensichtliche Ähnlichkeiten zwischen ihrer Charakterstärke, ihrem Rückgrat und ihrer gemeinsamen Fähigkeit zum Ausreifen. Gäbe es eine Klassifizierung der Portweinjahrgänge, würde Taylor's zweifellos den Rang eines Premier Cru erlangen. Aber ein solcher Status kann nicht auf die Schnelle erworben werden. In dieser Region zählt man die für die Entfaltung der besten Weine nötige Reifungszeit nicht in Jahren, sondern in Jahrzehnten. Ganz zu schweigen von dem in einem Land, in dem der Weinberg von den Lager- und Versandstellen durch ein jäh abfallendes Gebirge getrennt ist, notwendigen Abenteuergeist, ja Mut. Man stelle sich vor, wie vor der Einführung der Eisenbahn diese circa 100 Kilometer auf Maultierrücken zurückgelegt wurden. Und den Douro fuhren die Weine auf leichten Booten mit dem beziehungsreichen Namen *Barco rebello* hinunter.

Linke Seite: Die Quinta de Vargellas von Taylor's erstreckt sich bis nach unten zum Ufer des Douro im hohen Tal.
Oben: Das Markenzeichen von Taylor's, dessen Geschichte mit derjenigen der im siebzehnten Jahrhundert aus Großbritannien gekommenen Stoffhändler verbunden ist, wacht über die Weine des Hauses.

1727 wagte sich Job Bearsleys Sohn als erster britischer Händler auf der Suche nach den besten Weinen ins Hochland, 1744 betrat er ebenfalls Neuland, als er im Douro-Tal ein Gut kaufte, das übrigens heute noch Weine für Taylor's produziert. 1893, mitten in der Reblaus-Krise, ging Taylor's noch weiter und ließ sich im wildesten und entlegensten Teil des Tals nieder: Es kaufte Quinta de Vargellas, das bereits seit 1820 Weine für das Haus herstellte. Aus dieser Quinta stammt ein Großteil der aktuellen Taylor's-Jahrgänge.

Im Portugiesischen ist eine *Quinta* in erster Linie ein Bauernhof. Aber im Kontext der Weingüter des Douro-Tals kann man sie ohne Übertreibung wie ein Schloß aus dem Bordeaux-Gebiet betrachten. Quinta de Vargellas ist Bauernhof, Weingut, Familienhaus und Empfangsort für Kunden aus aller Welt zugleich. Eine andere Eigenart von Vargellas besteht in der Tatsache, daß es eines der seltenen Weingüter ist, denen ein eigener Bahnhof gehört. Der hinter dem Haus gelegene Gemüsegarten liefert das notwendige Obst und Gemüse, während die sich ihres Schicksals unbewußten Schweine, der Stolz der Gastgeber, den Besuchern mit kräftiger und heiterer Ruhe begegnen. Das wie die

Oben: Die Eiffelbrücke über dem Douro, die die Stadt Porto mit Villa Nova de Gaia verbindet.
Links: Das Eßzimmer des Hauses Taylor's zeugt von der Tradition der hier seit dem siebzehnten Jahrhundert ansässigen englischen Händler.

dem Zugangsweg entlang verlaufenden Mauern mit Kalk geweißte, schöne und niedrige Haus erinnert durch Komfort und Frische an das Innere der englischen Wohnungen. Welcher Kontrast im Sommer zu der trockenen Hitze der umgebenden Terrassenhänge! Die Besteigung der ehemaligen Trockenmauerterrassen bei Sonnenaufgang hilft, das das Klassifizierungssystem des Weinbergs bestimmende Denken zu begreifen. Einige Teile der Hänge werden viel früher als andere von der Sonne beflutet. Die im inneren Teil des Hangs, am Fluß gelegenen Rebstöcke reifen schneller als andere. Sagten die Alten nicht, daß die besten Weine dort entstehen, „wo die Ruderschläge der Boote zu hören sind", eben jener Boote, die früher den Douro herunterfuhren? Die letzte Erklärung ist schließlich die extreme Mineralität der Lage, die um so offensichtlicher wird, wenn die ersten Weinblätter wachsen, deren zartes Grün sich von dem leicht bläulichen Ocker der Felsen abhebt. Abgesehen von Olivenbäumen und einigen wenigen Obstbäumen in den weniger trockenen Zonen findet sich in dieser Landschaft kein Holz, sogar die die Drahtrahmen tragenden Pfosten sind aus Schiefer. Auf den Terrassen, die sich schlängeln, um sich den Schichtlinien anzupassen, sind die Rebstöcke 70 Jahre und älter. Zu dieser Besonderheit kommt eine weitere hinzu. Im Douro-Tal sind die meisten alten Parzellen mit einer Fülle unterschiedlicher Rebsorten bepflanzt. Frank Yeatman, ein Partner von Taylor's, hat sich bereits in den zwanziger Jahren bemüht, seine Weinberge in aus einer einzigen Rebsorte bestehende Parzellen zu unterteilen. Er war in diesem Sinne ein wahrer Vorreiter.

Heute erfolgen die Bepflanzungen bei den steileren Parzellen noch immer terrassenartig. Doch die Mäuerchen, die jedes Jahr vom Winterregen mitgerissen wurden, sind verschwunden. Da sie nicht mechanisch gepflegt werden konnten, wurden sie zur Kostenersparnis abgeschafft. Moderne und traditionelle Techniken bestehen hier in gutem Einvernehmen nebeneinander: In den Kellerlagern stehen Gärbehälter aus rostfreiem Stahl und große Granitbottiche, die berühmten Lagares, in denen die von den Winzern gestampften Trauben gären, nebeneinander. Diese Lagares setzen zwar eine altüberlieferte Bereitungstradition fort, doch beibehalten werden sie nicht nur wegen des Charmes einer überraschenden Folklore, bei der Männer und Frauen nach einem Mühe, Organisation und Lebensfreude verbindenden Ritual die Trauben nach den Rhythmen lokaler Musik stampfen. Man hat einfach keine wirksamere Methode gefunden, um der Rebe möglichst viel Farbe und Geschmack zu entziehen, wenn man berücksichtigt, daß die dem Portwein eigenen technischen Anforderungen nur wenig Zeit für das Keltern zulassen. Sowohl seine Farbe als auch seine Tannine können mit denjenigen eines großen trockenen Rotweines konkurrieren, obgleich die Zeit, während deren Haut und Saft in Berührung stehen, wesentlich kürzer ist.

Verkostung

Eine kurze Verkostung, die unter sehr angenehmen, doch keineswegs orthodoxen Bedingungen durchgeführt wurde – draußen auf der Terrasse von Vargellas, keinen Meter von einer prächtigen blühenden Glyzinie entfernt. Eine wunderschöne, der Konzentration wenig förderliche, aber genußträchtige Umgebung.

◆ *Taylor's 1970*
Die Nase dieses Weines mit konzentrierter Farbe ist extrem komplex. Verschiedene Düfte nach Früchten, Marmeladen, Gewürzen, geröstetem Kaffee und Tabakblättern folgen aufeinander. Im Mund gelingt ihm das unmöglich erscheinende Unterfangen der Verbindung von Glätte und Festigkeit. Die Finesse der Frucht verbirgt kaum die schöne Strenge. Ein sehr eleganter und vollkommen ausgeglichener Wein, den man trinken oder noch gute zehn Jahre lagern kann. Kurzum, der ideale Portwein, um das dritte Jahrtausend zu feiern, denn er birgt in sich die Schätze der Vergangenheit, den Genuß des Augenblicks und die Hoffnung auf die Zukunft.

Quinta do Noval

Eines der eindrucksvollsten Weinanbaugebiete der Welt ist das Douro-Tal. Zu der Ausnahmelage kommt eine Ausnahmeregelung. Denn, wenige wissen es, es handelt sich um eine der ersten Regionen, die die Grenzen ihrer Produktionsfläche festgelegt haben, um Mengen und Qualität besser beherrschen zu können. Dies erfolgte in der ersten Hälfte des achtzehnten Jahrhunderts. Doch bereits im vierzehnten Jahrhundert exportierte Portugal als Land der Seefahrer seine Weine in beachtlichen Mengen. Seit 1675 werden sie aufgrund des Hafens, von dem aus sie zu fernen Zielen verschifft wurden, als Porto, also Portwein, bezeichnet. Eines dieser Ziele war England, das in der Entwicklung des Portweines eine entscheidende Rolle spielen sollte. 1756 leitete der Marquis de Pombal, der Premierminister des portugiesischen Königs Josephs I., die Abfassung einer Charta ein, die die Grundlage für eine der weltweit ersten A.O.C. bilden sollte, wobei er einem ähnlichen, in Frankreich durchgeführten Versuch um 150 Jahre voraus war. Diese Reform, die darauf zielte, das Qualitätsniveau der Weine zu erhalten, erlegte Produktionsnormen auf und bestimmte mit größter Genauigkeit die Fläche des Anbaugebiets, das sich circa 100 Kilometer oberhalb der Stadt Porto befindet. Das unebene Relief dieses Teils von Portugal bleibt nicht ohne Einfluß auf die Natur seiner Weine, und die sich daraus ergebenden Varianten werden sogar in der heutigen Reglementierung der Produktion genauestens berücksichtigt. Jede Parzelle unterliegt einer Klassifizierung von A (für die besten) bis E einer sehr großen Anzahl von Parametern entsprechend: Höhe, Gefälle, Ausrich-

Links: Die Landschaft wird von den Terrassen geprägt, die die Befestigung der Rebstöcke am Hang ermöglichen.
Oben: Eine lange, mit einer Weindachlaube überdachte Allee führt zur Quinta.

tung, Bodenbeschaffenheit, Anbaumethoden, Ertrag und vieles mehr. Es kann mit Recht behauptet werden, daß es in der Welt nirgends ein so strenges System zur Erfassung der Eigenschaften eines Terroirs gibt. Außerdem befinden sich die besten Weinberge nicht an der Küste, sondern in der Nähe des Douros und seiner Zuflüsse, wobei das Gebirge, das Porto von dem Douro-Tal trennt, für das regnerische Klima der Küstenregion ein unüberwindbares Hindernis darstellt: Je mehr man sich vom Meer entfernt, um so trockener wird das Klima. Der aus Spanien kommende Douro hat den Felsen im Laufe der Zeit ausgehöhlt und so diese natürlich jäh abfallenden Hänge hinterlassen, die der Mensch seit Jahrhunderten geduldig bewirtschaftet. Das aussichtslose Unterfangen wurde verwirklicht, und Rebstöcke und Olivenbäume wurden auf diesen schmalen, an dem Schiefergebirge hängenden Terrassen eingepflanzt.
Die erste Begegnung mit dem Douro-Tal bildet ein Erlebnis von außergewöhnlicher Intensität. Die schmale und gewundene Straße erinnert daran, daß man entlang bedrohlicher Steilabfälle und Schluchten fährt. Kurz vor Quinta do Noval wird die Straße dann ruhiger und jedenfalls sicherer. Von da aus kann man in aller Ruhe die unglaubliche Arbeit der Winzer bewundern, die diese Landschaft Tag für Tag geformt haben. Der Weinberg überragt das Pinhao-Tal in der Region des Hohen Douro. In der Welt der Portwein-Produzenten nimmt Noval eine besondere Stellung ein. Mit seinen 88 produzierenden Hektar der Klasse A ist das Gut zwar nicht das größte, doch das qualitativ beste. Noval wurde vor fast einem Jahrhundert gegründet und hat in dieser von Traditionen geprägten Welt stets Neuerungen eingeführt. In den zwanziger und später in den fünfziger Jahren erfand das Haus neue Portweinarten, und es übernimmt seit kurzem als einziges den Ausbau und die Abfüllung seiner Weine auf dem Gut selbst, wie es auf den Châteaux des Bordeaux-Gebiets der Fall ist. Seine besten Weine stammen ausschließlich von den Weinbergen der Quinta.

Links: Die sehr schönen Gebäude von Quinta do Noval – das Wort Quinta bedeutet „Bauernhof" – mit ihren kalkgeweißten Mauern schmiegen sich an das Gebirge.
Unten: Holz spielt eine entscheidende Rolle in der Reifung der Portweine. Die Barriques – auch „Pipes" genannt – auf dem Spülareal vor der Befüllung.

Vielleicht sollte an dieser Stelle noch einmal erwähnt werden, daß es unter den seltensten Portweinen zwei Weintypen gibt. Beide stammen aus einem Jahrgang und sind also Jahrgangsweine, unterscheiden sich jedoch durch die Ausbaumethode. Der Colheita reift sehr lange in Holzfässern, während der Vintage zwei Jahre nach der Weinlese abgefüllt wird und manchmal bis zu dreißig Jahren in den Kellern der Kunden weiterreift. Quinta do Noval hat sich auf diese beiden Weinsorten spezialisiert, doch neben seinen klassischen Vintage-Weinen, die selbstverständlich zu den besten Portweinen gehören, stellt es auch nach einem streng gehüteten Geheimnis den seltensten und teuersten Vintage-Portwein her: den Nacional.

Er wird ausschließlich in den Jahren hergestellt, in denen es die Qualität der Trauben ermöglicht, und seine Produktion geht kaum über 3000 Flaschen pro Jahrgang hinaus. Er stammt aus Rebstöcken, die nie veredelt wurden. Tatsächlich vermag niemand zu sagen, warum diese zusammen 2,5 Hektar umfassenden drei Parzellen von der Reblaus verschont wurde, die das europäische Weinanbaugebiet am Ende des neunzehnten Jahrhunderts zerstörte und zum Pfropfen der alten Rebsorten auf widerstandsfähige Unterlagen zwang.

Wenn die zur Herstellung von Portwein zugelassenen Rebsorten hier auch sehr zahlreich sind, ist man doch im allgemeinen der Meinung, daß sich einige von der Masse abheben. Es handelt sich um die Touriga Nacional, die Touriga Francesca, die Tinta Rouriz, die Tinta Barroca und den Tinto Cão. Der Name des Quinta do Noval Nacional stammt nicht von der ersterwähnten Rebsorte, sondern gründet auf der Tatsache, daß seine von jeder Mischung mit fremden Unterlagen freien Rebstöcke eine direkte und ursprüngliche Verbindung zum nationalen Boden aufrechterhalten.

Wenn die Hersteller großer Weine von ihrer Produktion sprechen, beweisen sie oft eine entwaffnende Bescheidenheit. Christian Seely, der Leiter von Quinta do Noval, bildet da keine Ausnahme, wenn er behauptet, daß der Nacional den Eingriff des Menschen kaum erfordere. Der Mensch könne sich nur im Hintergrund halten und das geschehen lassen, was die Natur zu geben bereit ist. Bei einem großen Wein wäre der Mensch im übrigen keineswegs in der Lage, ein eventuelles Versagen der Natur in irgendeiner Form auszugleichen. Die hochentwickelten Techniken, über die diejenigen verfügen, die die Weine herstellen, mögen manchmal nützlich sein, um diese zu optimieren, doch sie können ihnen keineswegs jene zusätzliche Dimension verleihen, die erlaubt zu sagen, daß dieser oder jener Wein ein großer oder ein guter Wein sei. Für Christian Seely ist der Begriff „großer Wein" anhand zweier gemeinsamer Kriterien zu erfassen: der Tiefe der Empfindungen und der Dauerhaftigkeit der Eindrücke.

VERKOSTUNG

Die Verkostung von vierzehn Jahrgängen dieses mythischen Weines hat die Erinnerung an einen zugleich außergewöhnlichen und emotionalen Moment hinterlassen.

◆ *Nacional 1991*

Der zum Zeitpunkt der Verkostung letzte verfügbare Jahrgang. Die Farbe ist sehr dunkel, die Nase komplex und intensiv. Man ahnt bereits Schokoladen-, Kräuter-, Gewürz-, Minz- oder ähnliche Aromen. Dann kommt eine ganze Reihe balsamischer und rauchiger Düfte auf, die an einige Wursterzeugnisse erinnern. Das Ganze bleibt auf wundersame Weise dennoch sehr frisch. Obgleich der Wein sehr jung ist, ist er gut entwickelt, streng und trotz des Zuckers sehr elegant. Der Eindruck bleibt mehrere Minuten am Gaumen bestehen.

◆ *Nacional 1963*

Dieser sehr konzentrierte Wein bildet einen auffallenden Kontrast zum vorigen. Wir kosteten ihn bei einem Essen; er ließ einige unglaublich starke Noten durchscheinen. Die Farbe erinnert an Tinte. Was die Nase betrifft, hätte man die Flasche am Vortag öffnen müssen, damit sie ihr ganzes Potential offenbart. Nach einer Stunde an der Luft entfaltete sich schließlich eine Konzentration aus eng vermengten Früchten und Gewürzen. Die Frucht ist dicht, sehr reif, absolut köstlich und drückt sich mit erstaunlicher Stärke aus. Einer der konzentriertesten Weine, die bei einer Verkostung nur selten angeboten werden. Zum Zeitpunkt der Verkostung war er zweiunddreißig Jahre alt, schien aber nur fünf zu sein.

Johann Joseph Prüm

Rund um die kleine malerische Stadt Bernkastel fließt die Mosel in großzügigen Windungen. Das Tal ist eng, und auf dem sonnendurchfluteten Ufer beginnen die Rebstöcke quasi am Wasser, bevor sie die oft eindrucksvollen, da sehr steilen Hänge bis in 200 m Höhe über dem Flußspiegel ersteigen. Gegenüber dem kleinen Marktflecken Wehlen bildet der Sonnenuhr-Weinberg die perfekte Illustration dieser Topographie. In seiner Mitte treten senkrechte Felsblöcke zutage, auf denen eine Sonnenuhr ruht, und so kann Manfred Prüm von seinem Haus auf dem anderen Ufer aus die Sonnenbestrahlung der Sonnenuhrparzelle berechnen. Doch auch wenn der Riesling zur Reife viel Sonne und die Rückstrahlung des Wassers braucht, stammen seine komplexen Düfte tatsächlich von dem Schieferboden, dessen Durchlässigkeit der senkrechte Hangverband ermöglicht, ohne daß die Rebstöcke beim ersten Gewitter fortgerissen werden. Dieser Boden saugt Wasser und Wärme wie ein Schwamm auf und gibt sie nach und nach wieder frei. Die Frucht reift also langsam an, dies ist der Grund für die Finesse der Aromen der Moselweine. Zu römischer Zeit sang der aus Bordeaux stammende Dichter Ausonius bereits ihr Lob, als er in Trier stationiert war. Jahrhundertelang zählte die Familie Prüm Vertreter des Erzbischofs von Trier zu den Ihren, bevor der Weinberg unter den verschiedenen Mitgliedern aufgeteilt wurde. Aber erst Johann Joseph Prüm, dessen Name heute auf allen Etiketten des Weinguts erscheint, begründete den Ruhm dieser Weine, indem er sie am Ende des vorigen Jahrhunderts zum höchsten Niveau brachte. Heute leitet sein Enkel, Dr. Manfred Prüm, das Weingut. Eine Verkostung bei ihm bleibt eine unver-

Links: Der beeindruckende Weinberg der Region von Bernkastel ersteigt die Hänge oberhalb der Mosel.
Oben: Detail eines Fliesenfreskos auf dem Anwesen der Familie Prüm.

geßliche Erfahrung, durch die man auf unmittelbarste und städtischste Weise diese so potentialreiche Riesling-Rebe begreift. Die Weine werden einer nach dem anderen langsam serviert – nach dem Rhythmus des unter den Fenstern fließenden Flusses. Man nimmt sich die Zeit, sich ihnen zu nähern, zu versuchen sie zu zähmen, sie je nach den verschiedenen Temperaturen im Laufe der Erwärmung im Glas ihre Tonübungen machen zu lassen. Für Manfred Prüm ist der Wein nicht allein Gegenstand von Analysen, und es ist nicht möglich, einen Wein auf einige Zahlen zu reduzieren. Er ist vielmehr Genußträger, Frage über die Verbindung zwischen dem Wein und seinem Koster, was Introspektion, aber auch Austausch bedeutet. Und er gibt bescheiden zu, daß seine Weine etwas mehr Zeit brauchen als andere. Einige scheinen nach fünfzehn

oder zwanzig Jahren noch so jung, daß sie das ewige Leben gepachtet zu haben scheinen. Ein 1996 verkosteter 1979er Kabinett wies zum Beispiel die zarte grüne Spiegelung des Flusses und den stark mineralischen Charakter des Bodens auf; die Säure war so geschmeidig geworden, daß sie fast rund erschien, und Alterserscheinungen zeigte er nicht. Der Alkohol ist keineswegs durchzuspüren, und dies aus gutem Grund: Ein solcher Wein hat nicht mehr als 8 Prozent. In Wirklichkeit lassen sich zum Trinken der J.J. Prüm-Weine drei Altersstufen unterscheiden: In der Blüte ihrer Jugend, ein oder zwei Jahre nach der Abfüllung; wenn sie zur Harmonie gelangen, nach fünf bis zwanzig Jahren je nach Weintyp; und schließlich bei voller Reife, die jenseits von dreißig Jahren liegt. Doch schließlich soll sich der Genuß des Verkosters durchsetzen, der die Weine trinkt, wenn ihm danach ist.

Linke Seite, links: Das wunderschöne Haus der Familie Prüm an der Mosel.
Linke Seite, oben: Die sich im Weinberg befindende Sonnenuhr, die man auch auf den Etiketten wiederfindet.
Unten: Bereits im sechzehnten Jahrhundert wurde das Dorf Bernkastel von Weinbergen umgeben dargestellt.

Für Manfred Prüm ist ein großer Wein ein Wein, der die erforderliche Konzentration besitzt und dabei den größten Genuß vermittelt. Bittet man ihn, den jeweiligen Wert der aus der Natur stammenden und dem Menschen zuzuschreibenden Elemente für die Herstellung eines großen Weines einzuschätzen, zitiert er kurzerhand einen Dozenten an der Önologie-Schule zu Geisenheim am Rhein: „Es ist wichtig, ein guter Handwerker zu sein, aber es ist noch wichtiger, gute Trauben zu haben." Mit anderen Worten: Der Charakter dieser Weine kann nicht durch die Wirkung der Weinbereitung verhüllt werden. Da der Alkoholgehalt hier von Natur aus gering und die Trockenzuckerung für hochwertige Weine verboten ist, kommt die Essenz der Frucht allein direkt ins Glas und vermittelt daher die Realität des Terroirs und des Klimas. Verstößt man dagegen, ist das Scheitern sicher und die gesuchte Finesse gefährdet. Darin besteht das Wunder der großen deutschen Weine: mit so wenig Alkohol einen stark ausgeprägten Charakter zu erlangen.
Doch Wein ist – wie der Mensch – eine lebende Materie, die sich auf nicht immer vorhersehbare Weise entwickelt. Die Kombination dieser beiden so unbeständigen Faktoren erklärte vielleicht die von den Weinen im Laufe der Jahrhunderte durchlebten Entwicklungen und Wechselfälle des Schicksals.

Verkostung

◆ *Spätlese Wehlener Sonnenuhr 1981*
Die Präsenz von Kohlendioxid wird hier gesucht, denn es verleiht dem Wein, der dadurch trotz einer leichten Restsüße fast ätherisch wirkt, eine letzte Leichtigkeit. Die Aromen verbinden Blumen, Zitrusfrüchte und frische Linde. Die zu Anfang starke Säure verschmilzt auf entzückende Weise im Körper des Weines. Trotz seiner 7 oder 8 Prozent Alkohol weist der Wein eine erstaunliche Kraft und eine erstaunliche Jugend auf. Der ideale Weißwein, um den Himmel zu betrachten.

◆ *Beerenauslese Wehlener Sonnenuhr 1976*
Nach dem Duft gerösteten Pfirsichs bietet dieser Wein die allerlieblichste Nase, die die Aromen von Walnuß, Haselnüssen und exotischen Früchten umgeben – mit einer leichten Butternote. All diese Aromen setzen sich langsam und elegant im Mund fort. Der Abgang ist wunderschön, frisch und rein, langanhaltend. Ein kompletter und absolut köstlicher Wein.

Maximin Grünhaus

Im Römischen Reich war die im Jahr 15 vor Christus von Augustus gegründete Stadt Trier die wichtigste Stadt des Nordens. Sie wurde im Laufe der Jahrhunderte zu einem Militär-, Verwaltungs- und Universitätszentrum. Dieses Weinanbaugebiet leitet seinen Namen von der Mosel und zwei ihrer Zuflüsse – der Saar und der Ruwer – her, was ihre untrennbare Zusammengehörigkeit verdeutlichen soll; die Saar fließt oberhalb, die Ruwer unterhalb von Trier in die Mosel. Das Gut von Maximin Grünhaus ist so bekannt und alteingesessen, daß es auf dem Etikett seiner Weine allein aufgeführt werden darf, ohne daß der Name der Gemeinde hinzugefügt werden muß. Es sind nur wenige deutsche Weingüter, die mit Schloß Johannisberg dieses an den Burgunder Grand Cru erinnernde Privileg teilen. Die Lage wurde bereits zu römischer Zeit bewohnt, wie dort gefundene Töpferwaren- und Brikettreste belegen. Alles deutet darauf hin, daß an der Stelle des jetzigen Hauses eine Villa rustica gestanden haben muß. Erst im zehnten Jahrhundert schenkte Kaiser Otto I. dieses Gelände dem Benediktinerorden, damit er hier die Abtei St. Maximin gründete. Die Kellerräume gehen auf diese Zeit zurück.

Ein großer Riesling kann nur aus einem Ausnahmeweinberg stammen, der das feinste Mikroklima mit dem geeignetsten Boden verbindet, denn diese Rebsorte reagiert auf kleinste Variationen der Anbau- und Bereitungsmethoden besonders empfindlich. Die Mönche, die diese eindrucksvollen Hänge jahrhundertelang bestellten, haben diese Variationen und die daraus zu ziehenden Schlüsse sehr wohl begriffen. So wurde der aus einem einzigen Hang bestehende Weinberg von Maximin Grünhaus dreigeteilt: in den Bruderberg, den Herrenberg und den Abtsberg. Die Weine des Bruderbergs waren für den Verbrauch der Bruderschaft bestimmt, die Weine des Herrenbergs für die Patres und Herren, und diejenigen des Abtsbergs für den Abt. Die Mönche der ehemaligen Abtei St. Maximin waren noch weiter gegangen: Sie unterschieden zwischen zehn vom Abtsberg stammenden Weinen.

Heute steht der von einem ihn vor dem Wind schützenden Wald umgebene, in einem kleinen Tal eingeengte, doch vor dem Übertreten der Ruwer geschützte Weinberg einem schönen Herrensitz, dem Wohnsitz der Familie Schubert, gegenüber, der das Weingut seit 1882 gehört. Dr. Carl von Schubert bekundet seine gewissenhafte Achtung vor der Natur und verfolgt eine umweltschonende Anbaumethode: Der Boden wird lediglich mit Kuhmist aus dem eigenen Stall gedüngt, die Behandlung der Rebstöcke mit jeglicher Art von Fungiziden lehnt er ab. Sein Ziel ist es, so bekräftigt er, diese außergewöhnliche Weinbaulage in dem

Oben: Der Ursprung des Namens des Herrensitzes Grünhaus bleibt unbekannt. Wurde er, als er im 19. Jahrhundert erbaut wurde, grün angestrichen oder ist dies eine Anspielung auf die sehr dichte umgebende Vegetation?
Rechte Seite: Das „Haus Mariens", das heute der Wohnsitz von Carl von Schubert ist.

Oben: Der Weinberg von Herrenberg, dessen Portal und Mauern entzückend geneigt sind.

Zustand zu erhalten, in dem sie seit über tausend Jahren stand. Doch dieses weise Verhalten hat seinen Preis: Die Erträge sind halb so hoch wie die sonst in der Region häufig erzielten. Dank des schieferigen Bodens und der optimalen Ausrichtung zur Sonne ist ein solcher Weinberg in der Lage, die Aromen der Reben auf ideale Weise zu konzentrieren. Obgleich die Temperatur an der Bodenoberfläche manchmal zwischen 60 und 70 °C erreichen kann, weisen die Weine eine unvergleichliche Finesse auf. Ein Großteil wird ausgebaut. Aber in jeder Version zeigen die Weine eine außerordentliche Reinheit und Frische. Auch wenn Carl von Schubert einen minimalen Eingriff in den Weinbereitungsprozeß befürwortet, ist hier kein Platz fürs Gewährenlassen, und die Reintönigkeit der Weine zeugt von einer seltenen Kunstfertigkeit. Wenn die Bedingungen es erlauben, können bei Maximin Grünhaus über zwanzig verschiedene Weine hergestellt werden, und man ahnt, daß nur ein perfektes Know-how eine jedem von ihnen angepaßte und so filigrane Arbeit ermöglicht, wobei das Ziel darin besteht, Weine – gleichgültig welchen Niveaus – zu produzieren, die Genuß bereiten. Was die großen Weine betrifft, die meistens für eine lange Lagerung bestimmt sind, stammen sie von jenen Spätlesen und höheren Prädikaten, die bis zu sechs Durchgänge durch den steilen Hang des Abtsbergs erfordern, damit nur die von der Botrytis konzentrierten Beeren ausgesucht werden. Doch was ist für Herrn Dr. von Schubert ein großer Wein? Es ist ein Wein, der unter geeigneten Bedingungen ein Vibrieren der Seele erzeugt und den Zugang zum Unerreichbaren ermöglicht.

Verkostung

Das Wunderbare an diesen Weinen ist, daß sie einen unmittelbaren Genuß bereiten und dabei andeuten, daß sie sehr lange gelagert werden können. Doch behaupten einige Kenner, daß auch sie nicht dagegen gefeit sind, einige undankbare Jahre zu durchleben.

◆ *Abtsberg Kabinett trocken 1995*
Mineralische und lebendige Nase. Er ist im Mund sehr frisch, die Säure offenbart sich in aller Finesse, ohne unangenehm am Gaumen aufzufallen. Der Abgang wird von leicht rauchigen, für die schönen Rieslinge charakteristischen Aromen begleitet.

◆ *Abtsberg Trockenbeerenauslese 1995*
Die Nase erfreut durch Honigaromen, die Früchte und Blumen im Hintergrund unterstützen. Was im Mund als erstes auffällt, sind die Textur des Weines und der geschmeidig-elegante, gerade abgerundete und schmackhafte Eindruck, der eine ganze Minute anhält.

Schloß Johannisberg

Die sehr alten und noch immer aktiven Weinberglagen, die eine entscheidende Rolle in der Weltgeschichte des Weines gespielt haben, kann man an den Fingern einer Hand abzählen. Das dem Rhein gegenüberliegende Schloß Johannisberg im Rheingau kann dies – wie das berühmte Clos Vougeot im Burgund – für sich beanspruchen. Seit dem vierten und fünften Jahrhundert führten die Ausbreitung des Christentums und der Zusammenbruch des Römischen Reiches zu einer Verschiebung des Zentrums Europas von Rom in die nördlicheren Regionen. Einige Jahrhunderte später wählte Karl der Große Aachen zu seiner Residenz. So wurde der Rhein zum Nervenzentrum des neuen westlichen Reiches. Der Legende nach hatte dieser große Kaiser, als er von seiner Ingelheimer Pfalz aus sehen konnte, daß der Schnee auf den Hängen des Johannisbergs früher schmolz als anderswo, befohlen, daß eben dort Wein eingepflanzt werden sollte. Dies geschah, wie die Schriften es belegen, 817, drei Jahre nach seinem Tod. Man merke außerdem, daß der 50. Breitengrad durch den Weinberg von Schloß Johannisberg, unmittelbar am Fuß der Außenmauer des jetzigen Schlosses, verläuft. Dies gilt als die äußerste nördliche Grenze für die Reifung der Reben in Europa. Daher ist eine gute Lage zum Einfangen des kleinsten Sonnenstrahls hier von entscheidender Bedeutung. Die sich zwischen dem Rhein und dem Taunus wellenden Hänge sind hauptsächlich gen Süden gerichtet, was den Mönchen nicht entging, unter deren Anstoß der Rheingau im dreizehnten Jahrhundert zu einem riesigen Weinberg wurde. Der Rhein, der ein ideales Transportmittel für die Weinfässer darstellte, trug zu diesem Erfolg ebenfalls durch seine Wärmeabstrahlung bei. Alles deutet darauf hin, daß die deutschen Qualitäts-Weißweine diejenigen sind, die den Charakteristiken, die sie früher hatten, am treuesten geblieben sind. Auch wenn der genaue Ursprung des Rieslings heute noch unbekannt ist, wurde er sicher bereits im sechzehnten Jahrhundert in Deutschland angepflanzt. In diesen Breitengraden sind seine Vorteile – darunter die Fähigkeit zu einer späten Reifung, durch die er Zucker speichern kann, ohne an Säure einzubüßen – alles andere als unerheblich. Bei Schloß Johannisberg ist der bereits im siebzehnten Jahrhundert gepflanzte Riesling die einzige Rebe des 35 Hektar umfassenden Weinbergs. Dieses Gut war außerdem das erste, das sich mit dieser einzigen Sorte

Oben: Der den 50. Breitengrad, der durch den Weinberg verläuft, symbolisierende Grenzstein.
Rechte Seite oben: Eines der dem Fürsten von Metternich gewidmeten Fuder.
Rechte Seite unten: Das Kellergewölbe des Schlosses.

Oben: Der Eingang der Keller von Schloß Johannisberg.

die Produktion einer ganzen Reihe von Weinen, von den trockenen bis zu den großen und seltenen lieblichen, sicherte. Die Johannisberger Spätlese ist der erste aus der Edelfäule entstandene Wein des Rheingebiets. Vier Weinanbaugebiete, die alle für ihre spät gelesenen Weine berühmt sind, streiten mit Anstand um die Urheberschaft dieser Technik. Ob es sich um den ungarischen Tokajer, den österreichischen Ruster, den französischen Sauternes oder den deutschen Rheingauer handelt – alle sind rühmlich. Nach den entsprechenden Analysen steht dem Tokaj Aszú und dem Ruster Ausbruch in dieser Hinsicht offensichtlich der Vorrang des Alters zu. Was Yquem und Johannisberg betrifft, lassen einige Schriften vermuten, daß letzterer in bezug auf die Herstellung eines Weines anhand der Edelfäule um einige Jahrzehnte den Sieg davontragen würde.

Das neben einer sehr viel älteren Kirche stehende Schloß Johannisberg ist ein beeindruckender Bau aus dem siebzehnten Jahrhundert. Das Schloß steht gut sichtbar auf dem Johannisberger Hügel und ist schon kilometerweit zu erkennen. Seine Geschichte spiegelt das Leben dieser Region Deutschlands wider, in der Politik und Religion jahrhundertelang die örtlichen Mächte ab- und einsetzten. Kloster und Grundbesitz wurden bereits im zwölften Jahrhundert von den Benediktinern verwaltet und 1716 vom Fürstabt von Fulda aufgekauft, der ihnen das Schloß beifügte. Das Gut wurde 1802 in weltlichen Besitz überführt und fiel dem Fürsten von Oranien zu. Napoleon, dem man nicht das geringste Interesse für das Produkt der Rebe nachsagen kann, beanspruchte es 1806, um es Marschall Kellermann zu schenken. Ironie des Schicksals: Seinem ärgsten Feind Metternich wurde es beim Wiener Kongreß als Anerkennung für seine Dienste am Frieden geschenkt. Dessen Familie hat immer noch Anteile am Schloßgut, Mehrheitseigner ist ein Lebensmittelkonzern. Unter dem Schloß beherbergen die Kellerräume weiterhin einen wahren Schatz Flaschen, von denen die ältesten auf 1748 zurückgehen. In den Nebengebäuden befinden sich ein sehr moderner Lagerkeller und ein den Weinberg überragendes Restaurant. Die Besichtigung des Parks und der das Schloß umgebenden Weinberge ist eine hervorragende Art, diesen außergewöhnlichen Ort zu entdecken, der zu einem der Weinkultur, aber auch der Musik gewidmeten Zentrum geworden ist.

VERKOSTUNG

◆ *Spätlese trocken 1993*

Die Nase ist ätherisch, beinahe streng, leicht rauchig. Mineralische Aromen, die an den Schieferboden erinnern, kommen nach und nach auf. Im Mund erregt die Frische sofort die Papillen. Hinter dieser scheinbaren Leichtigkeit verbergen sich Kraft und Festigkeit.

◆ *Eiswein 1993*

Die Gegensätze in diesem Wein sind extrem. Die Nase spürt eine Konzentration von Honig, Zitrusfrüchten und allerlei Früchten, die von einer starken Säure getragen werden. Im Mund ist diese Säure so deutlich, daß man im ersten Moment durchaus zwischen Genuß und dem Gegenteil schwankt. Die Konzentration des fruchtigen Geschmacks ist ungeheuer groß. Wenn der anfängliche Sturm auf die Sinne nachläßt, bleibt eine langanhaltende und langsame Deklination der feinsten Aromen.

WEIL

Robert Weil

Am Ende des neunzehnten Jahrhunderts erzielten die größten Rhein- und Moselweine Deutschlands höhere Preise als die besten Bordeaux-Rotweine. Wilhelm Weil, der Urenkel des Gründers dieses Familiengutes, besitzt eine kleine Sammlung alter Jahrgänge, darunter eine Flasche von 1893. Dieser Wein wurde mit anderen in London zu Anfang des Jahrhunderts auf der Basis des dreifachen Preises einer Flasche Château Latour verkauft. Wenn die deutschen Weine eines Tages ihren alten Platz in der Preishierarchie wiedererlangen, so wird dies zum Teil dank der Qualität der Weine geschehen, wie sie Wilhelm Weil produziert. Angesichts der gepflegten und sorgfältig restaurierten Häuser kann man sich schwer vorstellen, daß das etwas abseits des Rheins gelegene Dorf Kiedrich lange Zeit arm war. Dem Turm der gotischen Valentinskirche, der ältesten der Region, gegenüber liegt der nach Südwesten orientierte Weinberg Gräfenberg. Dieser Weinberg war früher den Notabeln vorbehalten. Mit dem Erwerb eines Teils vom Gräfenberg begann Robert Weil seine Tätigkeit als Winzer. Nachdem er in Paris Professor für die deutsche Sprache an der Sorbonne gewesen war, mußte er während des Krieges von 1870 Frankreich verlassen. 120 Jahre später umfaßt das Weingut in der vierten Generation circa 50 Hektar und ein hochmodernes Kellerlager. Das Weinangebot wird zu Recht als einer der Höhepunkte der deutschen Weinproduktion betrachtet. Für Wilhelm Weil entscheidet sich die Qualität eines Weines im Weinberg. Die Weinlese erfolgt per Hand, und die Erträge sind für diese Region sehr niedrig. Bei Weil haben die letzten acht Jahrgänge sämtliche Qualitätsstufen ergeben, was eine im Rheingau einzigartige Leistung darstellt. Im Kellerlager wird die Gärung so lange wie möglich aufrechterhalten, damit der Wein all seine feinsten Aromen behält. Die traditionelle Barrique wurde abgeschafft, die Reifung erfolgt in der Flasche, wobei weiterhin der Schutz der Fruchtaromen im Vordergrund steht. Bei R. Weils Weinen ist der natürliche Glanz so groß, daß der Genuß sich bei allen sofort einstellt. Eine nie endende Suche, größte Neugier und das ständige Bemühen um Vollkommenheit sind die Hauptmotivationen von Wilhelm Weil. Um eine für den Betrieb möglicherweise einmal problematische Erbteilung zu vermeiden, verkaufte Wilhelm Weils Vater vor seinem Tod das Gut an den japanischen Getränkekonzern Suntory. Der diplomierte Weinbauingenieur Wilhelm Weil kann indes weiterarbeiten, als sei es sein Familienbetrieb. Er ist dem verstorbenen Vater im Rückblick dankbar für dessen Entscheidung, die es ihm heute

Oben: Der Weinberg von Gräfenberg. Rechte Seite: Eines der Empfangseßzimmer des Weingutes.

Die Empfangsgebäude wurden sorgfältig restauriert, wobei die Wahrung der lokalen Bauweise im Zentrum der Bemühungen stand.

ermöglicht, mit Hilfe moderner, individuell einsetzbarer Technik große, enorm fruchtbetonte Rieslinge zu erzeugen.

Verkostung

◆ *Kiedricher Gräfenberg Riesling Spätlese Trocken 1995*

Die Nase erregt die Neugier durch ihre rauchigen und mineralischen, leicht petrolischen Akzente. Im Mund erscheint das Volumen zunächst glatt und rund wie eine polierte Kugel. Dann dringt die Frucht leicht durch, mit viel Lebendigkeit und Länge, und endet mit einem feinen Tüpfelchen Bitterkeit, das dem Ganzen Struktur verleiht.

◆ *Kiedricher Gräfenberg Riesling Trockenbeerenauslese 1995*

Die Nase ist für einen so jungen Wein sehr stark – mit einer Fülle von kandierten Früchten, Zitrusfrüchten, dann Rosinen, Kaffee, Schokolade und Karamelpudding...
Im Mund wird die Stärke von einer feinen, die Empfindungen verlängernden Säure sublimiert. Dieser Wein von größter Finesse hat über hundert Jahre vor sich!

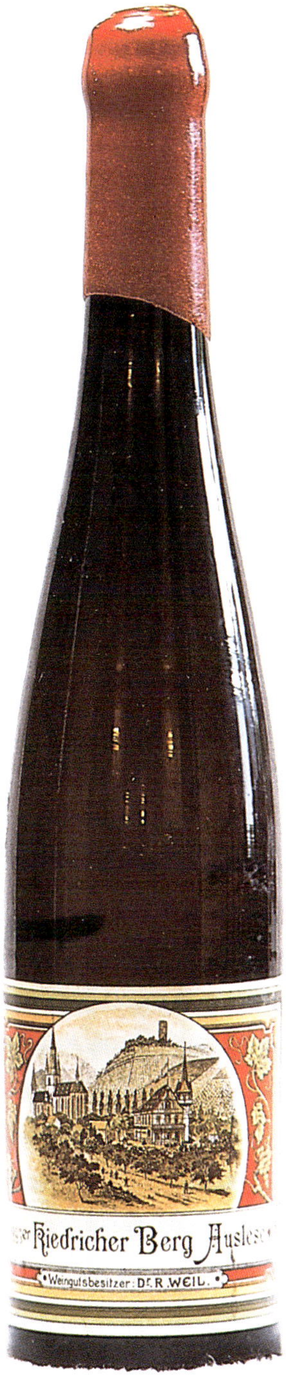

Der Tokajer

Der große liebliche Tokajer ist ein mythischer Wein mit reicher und komplexer Geschichte, der seinen Namen von einer bescheidenen, in der Nähe zur slowakischen Grenze im äußersten nordöstlichen Teil Ungarns gelegenen Stadt herleitet. Welch anderer Wein der Welt könnte die Seele und die Sehnsüchte eines Volkes besser symbolisieren, wird er doch in der Nationalhymne erwähnt? Während Ludwig XIV. ihn zum „Wein der Könige, König der Weine“ ernannte, kommandierten die Zaren jedes Jahr ein Regiment Kosaken ab, um ihren Teil des kostbaren Nektars nach Moskau und St. Petersburg zu begleiten. Im siebzehnten und achtzehnten Jahrhundert standen die Tokaj-Weine auf dem Gipfel ihres Ruhms und glänzten auf dem Tisch aller gekrönten Häupter Europas und der Neuen Welt, in die sie aufgrund ihres Rufes ebenfalls versandt wurden. Allerdings war die herrschende Dynastie der Habsburger an dieser außergewöhnlichen Begeisterung erheblich beteiligt: Sie waren von seiner medizinischen Wirkung fest überzeugt und konnten den Royal Eszencia, den seltensten der Tokaj-Weine, nicht genug loben. Dieser so konzentrierte wie seltene Wein stellte für seine Anhänger jenen Typ des altindischen Zaubertranks dar, der zwar nicht das Leben zu verlängern, doch den Übergang von einem Leben ins nächste zu erleichtern vermochte. Es ist nur verständlich, wenn er aufgrund dieser Kräfte oft den Sterbenden verabreicht wurde – zweifellos als Vorgeschmack auf das Paradies.

Links: Der von Budapest aus am Anfang des Appellationsgebietes gelegene Weinberg von Disnoko. Traditionelle Einpflanzung und Einpflanzung in Zeilen bestehen hier nebeneinander.
Oben: Der Frontgiebel des Château Hetzolos, des ehemaligen Weinberges der Rákóczi.

Mitten in Europa lebte Ungarn jahrhundertelang unter der Herrschaft aus allen Himmelsrichtungen kommender Mächte. Die Römer, die Hunnen, die Osmanen, die Österreicher und schließlich die Russen – all diese Völker hielten das Land schließlich länger in ihrer Gewalt als die Magyaren selbst. Aber in diesem alten, im Jahr 1000 gegründeten ungarischen Reich verzagte der nationale Stolz der Besetzung gegenüber nie, und in der Region von Tokaj bildeten sich oft die stärksten Herde des Widerstands.

Durch die an der südlichen Spitze des Weinanbaugebiets gelegene Stadt Tokaj fließt ein Fluß, über den früher der Warentransport zu fernen Zielen erfolgte. Um sie voneinander zu unterscheiden, wurden die aus den umgebenden Hängen stammenden Weine nach dem Namen ihres Einschiffungshafens benannt, wie es in Frankreich für die Bordeaux-Weine der Fall war.

Oben: Die Atmosphäre im Verkostungskeller der Kellerlager von Tokaj erinnert daran, daß Transsylvanien nicht weit ist.
Unten: Das Schloß Sarospatak, das wie andere Schlösser den Fürsten Rákóczi gehörte.
Rechte Seite: Im Labyrinth der Keller von Tokaj reift einer der rätselhaftesten großen Weine der Welt.

Auf diesen Hängen aus vulkanischem Gestein hatten die Römer bereits im dritten Jahrhundert Wein produziert, doch nichts war festgelegt. Erst Mitte des siebzehnten Jahrhunderts wurden die sehr besonderen Methoden der Herstellung der berühmten lieblichen Aszú-Weine schriftlich festgehalten. So ist der Tokajer die älteste A.C. der Welt, denn kurz darauf wurden die Flächen des zur Produktion dieses großen Weines zugelassenen Weinbergs fixiert. Was ihre Verbreitung betrifft, erlebten diese Weine wie die Portweine eine bedeutende Entwicklung zu Anfang des achtzehnten Jahrhunderts. 1703 griff Ferenc Rákóczi, der protestantische Fürst von Siebenbürgen, einer autonomen Provinz mit der dreifachen Fläche des heutigen Ungarn, gegen das katholische Österreich zu den Waffen und verlor. Über die typischen komplexen Umwege der Geschichte wurden Ludwig XIV., dessen Neutralität in dieser Angelegenheit nicht erwiesen zu sein scheint, einige Flaschen Tokaj Aszú geschenkt. Er war entzückt, und die Mode kam auf.

In den vierzig Jahren kommunistischer Herrschaft wurde ein Großteil des Weinbergs verstaatlicht, während die Bereitungskeller in einem staatlichen Monopol, dem sogenannten Kombinat, organisiert waren. Das Kombinat richtete all seine Bemühungen auf die Produktion beträchtlicher Mengen einfacher Weine für russische und andere Märkte, darunter auch Deutschland. Dennoch blieben die unterirdischen Kellerräume, die die Umgebung von Städten und Dörfern in kilometerlange Maulwurfshöhlen verwandeln, unberührt. Ein Kleinod in dieser Region bilden unter anderem die Keller von Sarospatak, Tokaj, Mad und Tolsva, die im dreizehnten und siebzehnten Jahrhundert als Zufluchtsort vor den häufigen türkischen Streifzügen erbaut worden waren und wie die Keller der Champagne ideale Bedingungen für die Lagerung und Reifung der Weine bieten. Außerdem mußten die kleinen Besitzer, die seinerzeit einige Rebzeilen hatten behalten dürfen, dem Staat ihre Reben verkaufen. Es stand ihnen allerdings frei, Wein für den eigenen Gebrauch zu machen, doch es fehlte ihnen an im übrigen schwer zu besorgendem Material. Es blieb ihnen also nur der Weinanbau. Auf der 6.000 Hektar Tokaj-Appellation zählt man heutzutage circa 15.000 Besitzer, was eine Durchschnittsfläche von 1/3 Hektar pro Winzer ergibt. Doch bereits 1990 begann der ungarische Staat mit der Privatisierung eines Teils des sich in seinem Besitz befindenden Weinbergs. Einige Familien, die gänzlich enteignet worden waren, kauften Parzellen wieder auf, andere Winzer nutzten die Gelegenheit, um ihren Grundbesitz zu erweitern. Dies erklärt, warum zur Zeit fünfzehn Besitzer Weingüter von 50 bis 100 Hektar besitzen, darunter circa zehn ausländische Investoren, die sich mit Ungarn zusammengeschlossen haben. Die Ver-

mehrung unabhängiger Winzer und beträchtliche Investitionen von reichen Gesellschaften mit Know-how in der Weinherstellung sowie guten Kenntnissen der internationalen Märkte stellt für den Tokaj Aszú heute einen Trumpf dar.

In den zum Leben wiedererwachenden Weingütern verwandeln sich die Gebäude nach und nach in „Châteaux“ oder in „Bodegas“. Doch diese Zeichen sollten nicht als Zeichen einer zügellosen Wiederkehr des Kolonialismus mißverstanden werden: Sie zeugen lediglich von dem aufrichtigen Willen, diese schöne Region wieder zu erschließen, die es so nötig hat. Die Namen der Gesellschaften dagegen weisen eindeutig auf die Staatsangehörigkeit ihrer französischen, spanischen oder britischen Inhaber hin. Die Châteaux Disnoko, Pajzos, Hetzolo, Megyer, Messzelato Dulo, die Bodegas Oremus und die Royal Tokaj Wine Company haben ihre jeweils eigene Struktur und ihre eigene Vision der Tokaj-Weine. In einem der ältesten Weinanbaugebiete der Welt machen sie paradoxerweise eine Pioniererfahrung und verfolgen mit modernen Mitteln und einer modernen Perspektive die Spuren der örtlichen Weinanbautradition zurück.

Oben: Kein großer Wein kann sich ohne beträchtliche Investitionen halten, wie sie in Disnoko stattgefunden haben.
Rechts: Das hochmoderne Kellerlager von Disnoko, Werk eines ungarischen Architekten.
Unten: Die Eszencia gärt ganz langsam in Demijohns. Je älter sie wird, um so mehr Alkohol verliert sie.

Wenn die Tokaj-Weine im achtzehnten Jahrhundert in alle Länder Europas exportiert wurden, dann geschah dies eben dank jener aus Polen, Frankreich, Schottland und Deutschland gekommenen Händler. Die den ausländischen Gesellschaften überlassenen Weingüter bilden kaum mehr als 8 Prozent des Anbaugebiets, doch der Einfluß ihrer Investitionen ist unverhältnismäßig bedeutender als dieser niedrige Prozentsatz, denn das erklärte Ziel dieser Investoren, die den Verein „Tokaji Renaissance" gegründet haben, ist es, dem Tokaj-Wein wieder zu seinem alten Glanz zu verhelfen. Was man insgesamt davon erwarten kann, ist, daß die ausländischen Investitionen die Entwicklung einer Reihe von sehr ausgeprägten Weintypen ermöglichen und dadurch der ganzen Region ihre Ausstrahlung zurückgeben. Ein großer Wein ist zwangsläufig ein seltener Wein. Der Tokaj Aszú bildet da keine Ausnahme – mit einem beschränkten Anbaugebiet, bescheidenen Erträgen und einem Wein, der nur in den besten Jahrgängen produziert wird. Ein alter Spruch lautet: „Nicht jeder kann im Tokaj einen Weinberg haben."

Verkostung

◆ *Royal Tokaji Wine Company Betsek Aszú 5 puttonyos 1991*
Die leicht rauchige Nase erinnert an trockene Blumen und trockene Früchte. Im Mund eine kräftige Frische mit Zitrusfrüchtenaromen wie zum Beispiel Orangenschale. Die Säure scheint auf dem Zucker zu surfen und verleiht einen Eindruck der Eleganz wie ein Tänzer auf dem Eis. Erstaunlich langanhaltend.

◆ *Château Pajzos Aszú 4 puttonyos 1991*
Die Nase ist subtil und süß, mit vorherrschendem Honig neben Wachsaromen. Im Mund ist er abgerundet, und die Säure entwickelt sich allmählich zu Aprikosen- und Pfirsicharomen. Gegen Ende entwickelt sich etwas Festigkeit wie bittere Mandeln, die ihm Gehalt verleiht.

◆ *Château Megyer Aszú 5 puttonyos 1993*
Die Nase ist stark aromatisch und führt durch eine Reihe von Blumen-, Zitrus- und Harzaromen mit einer rauchigen Note. Im Mund ist alles Honig mit einer Frische, die das Ganze leichter erscheinen läßt. Die Frucht ist köstlich und erinnert an Pfirsich, Aprikose und Zitrusmarmelade. Eine schöne Ausgeglichenheit zwischen Zucker und Säure deutet auf eine harmonische Entwicklung hin. Dieser Wein ist eher fein als stark.

◆ *Château Disnoko Aszú 6 puttonyos 1993*
Konzentrierte und komplexe Nase mit Früchten, Honig und Haselnüssen. Im Mund ist alles fest und sehr frisch. Er ist leicht am Gaumen, ausgeglichen und nicht zu schwer im Abgang, mit etwas Bitterkeit am Ende.

◆ *Bodegas Oremus Aszú 6 puttonyos 1972*
Die Nase ist dicht, doch süß. Im Mund sind die Aromen ausdrucksvoller: Karamel, Feigen, Pflaumen, Tabak, Kaffee. Durchschnittlich anhaltend, aber wunderschön ausgeglichen.

Ruster Ausbruch

Das geographische Herz Europas schlägt in diesem östlichen Teil Österreichs, der seit jeher abwechselnd den Einflüssen des Ostens und des Westens ausgesetzt war, wie es seine bewegte Geschichte zeigt. Die 1683 vor Wien aufgehaltenen Osmanen ließen sich in der guten alten Stadt Rust am Ufer des Neusiedler Sees nieder. Später führte die Zersplitterung des Österreichisch-Ungarischen Reiches zur Angliederung dieses Marktfleckens an Ungarn. Bis 1921 sollte er ungarisch bleiben. Zwischen den beiden Weltkriegen fiel das Städtchen an Österreich, bevor es 1945 in sowjetische Gewalt geriet. Erst 1956 erlangte Rust seine Zugehörigkeit zur freien Welt wieder und kehrte endgültig zu Österreich zurück.

Über fünf Jahrhunderte lang wechselten die Regierungen, doch der Wein wuchs unbeirrt. Denn eigenartigerweise hatten die edelsüßen Ruster Gewächse, die durchaus an die im fünfzehnten und sechzehnten Jahrhundert sehr begehrten Weine erinnern, die politischen Unruhen in der Region wie durch ein Wunder überstanden. Die natürlichen Eigenschaften des Weinbergs und der sie ergänzende unbeugsame Wille der Menschen, die ihn pflegten, trugen zweifellos zur Erhaltung und Entwicklung einer sehr alten regionalen Weinbautradition gegen Wind und Wetter bei.

Die Familie Wenzel ist seit dem siebzehnten Jahrhundert in Rust ansässig. Sie schrieb ein neues Kapitel in der bereits langen regionalen Weingeschichte. Diese belegen Exportunterlagen von 1476. Im Jahr 1524 gewährte die Königin Maria von Ungarn den Ruster Winzern das Vorrecht, die Fässer, in denen ihre Weine transportiert wurden, mit dem Brandeisen zu markieren.

Links: Diese winterlichen Überschwemmungen sind auf die Schneeschmelze zurückzuführen.
Oben: Die eigene Reserve eines Kunden der Familie Wenzel.

Dies ist im Bereich des Weines die Veranschaulichung nicht nur einer der allerersten Spuren eines Markennamens, sondern auch des Beginns einer Definition dessen, was zur heutigen A.O.C. werden sollte. In der Tat bestimmen die offenen Briefe, daß dieses Privileg als „offizielle Bekundung der Herkunft der aus Unserem Dorf Rust und nicht aus anderen Weinbergen, Orten oder von anderen Besitzern stammenden Weine" erteilt wurde. Später bestätigte Kaiser Leopold I. den Bürgern von Rust ihre Privilegien, indem er ihnen 1681 das Recht auf Gemeindegerichtsbarkeit und Rust den Status einer Freien Stadt gewährte. Als Kenner bat der Kaiser die Einwohner selbstverständlich darum, ihm als Gegenleistung Jahr für Jahr Fässer und Barriques des größten Ruster Weines, des Ausbruchs, zu liefern. Diese Autonomie in der Führung ihrer Geschäfte ermöglichte es den Rustern, ihr Gebiet zu schützen und aufblühen zu lassen.

Ein besonderer klimatischer Faktor ermöglichte die Produktion der großen lieblichen Weine dieser Region. Bevor die höchste Zuckerkonzentration in der Traube erreicht werden kann, muß diese zur vollen Reife gelangt sein und den Angriff eines Pilzes namens *Botrytis cinerea* erfahren haben. Dieser Pilz entwickelt sich nur unter bestimmten Bedingungen: Frische am Morgen und Hitze am Tag, dies in einer feuchten Atmosphäre. Rusts Lage am großen Neusiedler See, dessen Tiefe nie zwei Meter übersteigt, ist für den Botrytis-Befall besonders geeignet, vorausgesetzt, die Weinberge befinden sich in der Nähe des Sees.

Unter den lieblichen Weinen zeigt der Ausbruch – vielleicht aufgrund seiner Herstellungstechniken, die an diejenigen der großen lieblichen ungarischen Tokaj-Weine erinnern – einen eigenen Stil. Diese bei stark konzentrierten Weinen verwendeten Methoden ermöglichen den Ausbau eines außergewöhnlich reifungsfähigen Weines. Aufgrund seiner Seltenheit wird er in 0,5-Liter-Flaschen abgefüllt und im allgemeinen bereits bei der Weinlese für Kenner aus der ganzen Welt reserviert. Robert Wenzel steht kurz vor dem Ruhestand und schickt sich an, den kleinen Zehn-Hektar-Betrieb bald an seinen Sohn Michel zu übergeben, der die elfte Generation Wenzel-Winzer in Rust vertreten wird. Wer diese Familie besucht, taucht in Charme, Liebenswürdigkeit und Bescheidenheit ein. Im tiefsten Winter bedeckt der Schnee den Weinberg und kleidet die Häuser, deren bunte Fassaden selbst im geringsten Sonnenlicht erstrahlen. Nach dem Holztor, durch das jedes Jahr die Traubenwagen rollen, gelangt man in einen kleinen gepflasterten Hof. Der Keller befindet sich unter dem Haus, doch verkostet wird an einem einfachen Tisch im Büro. Ein paar Schritte entfernt setzt der Ausbruch der letzten Lese seine langsame, bis zum Frühling oder manchmal darüber hinaus andauernde Gärung fort. Hier steht die Zeit still, und Wenzels stehen zur vollen Verfügung. Dem Kunden, der das Glück hatte, einige seltene Flaschen des kostbaren Nektars zu erwerben, dem es aber an Platz mangelt, um sie zu lagern, bieten sie im Reservekeller ein kleines, mit einem seinen Namen tragenden Schild versehenes Fach, in dem seine Flaschen liegen dürfen, bis es ihm beliebt, sie zu entkorken.

Unten: In Rust wie in der ganzen Region findet man Gebäude im Barockstil, die auch den Charakter der süßen Weine widerspiegeln.
Ganz unten: Unter dem kleinsten Sonnenstrahl explodieren die typischen Farben der Fassaden.
Rechte Seite: Der sich unter dem Haus befindende Keller der Wenzels.

Verkostung

Unter der Produktion der Wenzels sind im Durchschnitt nur 5000 Liter für die süßen oder lieblichen Weine – darunter den äußerst seltenen Ausbruch – bestimmt. Die hergestellten Weine weisen je nach den Eigenschaften des jeweiligen Jahrgangs unterschiedlich hohe Zuckerkonzentrationen auf. Man findet – nach zunehmender Süße geordnet – die Auslese, die Beerenauslese, den Ausbruch und die Trockenbeerenauslese. Der Ausbruch wird jedes zweite Jahr produziert.

◆ *Ruster Ausbruch 1993 – Sauvignon Blanc*
Ursprungsweinberg: Baumgarten
Die Nase ist leicht und überschwenglich und von betörenden Düften mit mineralischen Noten unterstützt. Sie öffnet sich ganz allmählich, und man muß den Wein in eine Karaffe gießen, damit sich die Nase entfalten kann. Überraschend ist die Lebendigkeit der Eindrücke im Mund. Die Pfirsich-, Aprikosen- und Kirscharomen wirken keineswegs schwerfällig. Dieser Wein wird seinen Höhepunkt in einer Generation erreichen.

◆ *Ruster Ausbruch 1993 – Furmint*
Ursprungsweinberg: Satz
Die Aromen sind blumig und mineralisch. Der Wein, gewonnen aus den klassischen Trauben des Tokajer, enthüllt sich stufenweise, sehr vorsichtig. Trotz der Zuckerkonzentration bleiben die Aromen sehr fein.

Klein Constantia

Weinberge sind wie Kulturen – sie können aussterben! Der große liebliche Weißwein Südafrikas entging diesem Schicksal nur knapp. Zweimal stand er kurz davor unterzugehen, und zweimal erstand er aus der Asche wieder, weil Menschen nicht zuließen, daß eines der Prunkstücke des Welt-Weinbergs verschwinde. Die heute getrennten Weingüter Klein Constantia und Groot Constantia bildeten ursprünglich ein einziges Gut, Constantia, das Simon Van der Stel am Ende des siebzehnten Jahrhunderts gründete. Dieser geschickte Gouverneur der holländischen Provinz Südafrika hatte dafür gesorgt, daß er von der Ostindischen Kompanie hinter dem Tafelberg, einige Kilometer vom Ozean entfernt, ein Gebiet so groß wie seine gute alte Stadt Amsterdam erhielt. Die Wahl der Lage war keineswegs leichtfertig getroffen worden. Die Schönheit des Tals und das ideale Klima waren zwar gute Voraussetzungen für die Ansiedlung einer neuen Kolonie auf der Suche nach landwirtschaftlichen und Weinbauaktivitäten, doch was den Wein betrifft, waren diese angenehmen Bedingungen nicht ausreichend, um ein Terroir zu bilden. Es mußte noch bewiesen werden. Dies versuchte Van der Stel, indem er an verschiedenen Stellen systematisch Bodenproben entnahm, die in Körben nach Muizenberg zur Analyse gebracht wurden.

Links: Ein Teil des Weinberges von Klein Constantia, der False Bay gegenüber.
Oben: Unmittelbar nach der Lese kommen die Reben zum Keltern in das Kellerlager.

Erst als er davon überzeugt war, daß der Boden aus Granit bestand und daher wenig fruchtbar war, beschloß er 1685, dort seinen Weinberg gegenüber der False Bay anzusiedeln. Der Niederlassung folgte die glänzende Bestätigung: 1692 kam eine erste Verkostungsnotiz aus Batavia zurück: „Der Wein aus Constantia ist von wesentlich höherer Qualität als alles, was uns bisher zugesandt wurde, und es ist schade, daß er nur in kleinen Mengen erhältlich ist."

Obwohl Van der Stel und seine Nachfolger eine Auswahl aus mehreren europäischen Rebsorten getroffen hatten, deutet alles darauf hin, daß der berühmte Constantia-Wein bereits ein relativ süßer Wein war, in dessen Zusammensetzung die Alexandrinische Muscatrebe und die kleinbeerige Muscatrebe verwendet wurden. Sie sind heute noch in Südafrika vorhanden, wo sie als Hanepoot und Frontignan bezeichnet werden.

Oben: Ein Teil des sich bis zu den Ausläufern des Tafelbergs erstreckenden Weinberges von Klein Constantia.
Unten: Das heute restaurierte Haus im reinsten holländischen Stil der ersten Kap-Kolonisten ist der Wohnsitz von Lowell Jooste.

Oben: Das Hugenottendorf Franschhoek ist der Ursprung des gesamten südafrikanischen Weinberges.
Rechts: Der Hanepoot ist eher ein kleiner Baum als eine traditionelle Rebsorte.
Unten: Das Kellerlager aus roten Ziegelsteinen und weißem Putz.

Das Weingut Constantia erlebte Höhen und Tiefen. Doch trotz der Aufteilung des Anwesens bemühte sich jedes der beiden Weingüter abwechselnd, die Flagge der Constantia-Weine so hoch wie möglich zu hissen. Im frühen achtzehnten Jahrhundert stand Klein Constantia in dem Ruf, den besseren Wein herzustellen. Zwei schwedische Botaniker nutzten die Gelegenheit und untersuchten die Gründe für diese Vortrefflichkeit. Wenn sich zwei Fachleute mit demselben Thema beschäftigen, muß man selbstverständlich bestenfalls mit zwei entgegengesetzten Urteilen rechnen. Und da die Geschichte sich wiederholt, behauptete der eine steif und fest, daß die Beschaffenheit des Bodens die Hauptursache sei, während der andere dem entschieden mit der Lage allein begegnete. Zu ihrer Entlastung muß man sagen, daß diese Wissenschaftler vielleicht nicht wußten, daß die Wissenschaft, wie der Wein auch, Abstand braucht – jenen Abstand, der einem die Zeit gibt, die jeweilige Rolle der zahlreichen Aspekte, die einen großen Wein ausmachen, und deren Wechselwirkungen zu beobachten, zu erwägen und schließlich zu beurteilen. Die einfache Synthese der beiden erwähnten Parameter, Boden und Lage, führt zu dem modernen Begriff des Terroirs.

Als Hendrick Cloete 1770 Groot Constantia übernahm, war es seit mehreren Jahren in einem erbärmlichen Zustand. Sein

Mut, sein Wille, sein Know-how und sein Sinn für die Vortrefflichkeit stellten den Ruf seines Weines bald wieder her, auch wenn er dazu manchmal zu Mitteln griff, welche die Regeln der zeitgenössischen „Ethik" etwas erschüttern würden: Er hatte Sinn für Details und ging in seinem Kampf gegen die Insekten so weit, etwa hundert Sklaven zu besitzen, deren einzige Aufgabe darin bestand, jeden Eindringling zu töten, der sich auf Trauben hätte niederlassen können.

Das Ergebnis dieser Anstrengungen war ein Wein, den viele Schriftsteller von Klopstock bis Jane Austen, von Dickens bis Baudelaire besungen haben. Ganz zu schweigen von allen Höfen Europas, an denen dieser Wein ungeheuer beliebt war, und die einige Kisten erwerben konnten, bevor ein unbilliges Steuersystem und die Ankunft der Reblaus diese Quelle 1896 zum Versiegen brachten. Ein Jahrhundert lang hörte der große Constantia-Wein auf zu existieren. Aber die Rechnung war ohne einen gewissen Duggie Jooste gemacht worden, der 1980 das Gut von Klein Constantia aufkaufte, Dornröschen aus dem Schlaf weckte und sich eifrig betätigte, um diesem wunderschönen, sich den Hängen des Constantiabergs entlang erstreckenden Weinberg zur Renaissance zu verhelfen.

Jooste scheute keine großen Investitionen, um den Weinberg und die Kellerlager zu renovieren. Er forschte zunächst über die Geschichte des Weinbergs, probierte kostbare Flaschen aus dem letzten Jahrhundert, um zu versuchen, den typischen Charakter des Weines zu erfassen, und entschied sich schließlich für den kleinbeerigen Muscat, mit dem er den Teil des Weinbergs bepflanzte, in dem ein zersetzter Granitboden sich an der Oberfläche zeigt. Heute leitet er mit seinem Sohn Lowell das Weingut und sein Ziel ist klar: wieder einen großen lieblichen Wein zu produzieren. Die ersten Jahrgänge sind sehr ermutigend. Jetzt muß noch gearbeitet werden, wobei nicht vergessen werden darf, daß die Constantia-Weine früher bis zu fünfzig Jahren im Keller ihrer Besitzer lagern konnten.

Verkostung

◆ *Vin de Constance 1991*
Die Nase verrät eine entzückende Tiefe gerösteter Aromen. Hinter diesem Eindruck scheinen Walnuß-, Gewürz- und Rosenblütennuancen durch, die brenzligen Aromen von Geröstetem und Kakao weichen. Im Mund ist er vollmundig, aber nicht so kräftig, wie die Nase es vermuten ließe. Alles ist abgerundet, geröstet, ohne zuviel Zucker, mit einer sehr angenehmen Deutlichkeit im Abgang.

Linke Seite oben: Sonnenuntergang im Park von Klein Constantia.
Linke Seite unten: Jenseits dieser kleinen Tür schlägt das Herz von Klein Constantia.
Oben: In der südlichen Hemisphäre erfolgt die Weinlese im April.
Links: Handsortierung der wertvollen, von der *Botrytis cinerea* befallenen Trauben. Dieser Pilz konzentriert Zucker, Säure und Aromen in der Traube.

Robert Mondavi und Opus One

Wenn ein Name weltweit die Dynamik und den Anspruch der kalifornischen Winzer verkörpert, dann ist dies der Name Robert Mondavi. Seit seiner Gründung 1966 stand sein Unternehmen stets an der Spitze der verschiedenen, zur Erzielung der bestmöglichen Weine durchgeführten Forschungen. Mondavi, der sich für alles interessiert, was mit Wein zu tun hat, hätte die Früchte seiner Arbeit für sich behalten können. In der Tat – und dies ist nicht die unsympathischste Seite seines Charakters – war er immer bereit, sein Wissen zu teilen, wenn man nur etwas Interesse für seine oft kostspieligen Forschungsarbeiten zeigt. Mit anderen Worten: Der kalifornische Weinpionier hat nicht nur sein Unternehmen auf eindrucksvolle Weise vorangetrieben, er hat auch dazu beigetragen, die Kenntnis des Weines im allgemeinen weiterzuführen. Und die Laufbahn seiner Familie ist in mehr als einer Hinsicht für den amerikanischen Erfolg kennzeichnend. Seine Eltern waren aus Italien ausgewandert und ließen sich in Minnesota, später in Kalifornien nieder, wo Roberts Vater ein Handelsunternehmen gründete. Nach einem Universitätsstudium in Stanford arbeitete Mondavi mit seinem Vater bei Charles Krug Winery im Napa Valley, nördlich von San Francisco. 1966 gründete er sein eigenes Unternehmen, das heute über 600 Hektar umfaßt. Diese Gesellschaft, deren Produktion sehr vielseitig ist, doch eine bemerkenswerte qualitative Beständigkeit aufweist, ist ein Familienunternehmen geblieben, auch wenn es an der Börse notiert. Zusätzlich zum in höchstem Maße berechtigten kommerziellen Erfolg besteht Mondavis großes Verdienst darin, begriffen zu haben, daß der Wein kein Einzelprodukt ist. Er hat sich nicht damit begnügt, zu behaupten, daß der Wein ein Bestandteil des Lebens ist, er beweist es durch die verschiedenen Tätigkeiten seiner Gesellschaft. Ob es sich um das von ihr veranstaltete Musikfestival – eines der begehrtesten und am besten dotierten der Region – oder um Ausstellungen von Gemälden und Skulpturen kalifornischer Künstler handelt – die Winery ist eine kulturelle Stätte. Ihre von der spanischen Architektur geprägten Gebäude – Huldigung an die historische Tradition dieses Teils der Vereinigten Staaten – empfangen über 300.000 Besucher jährlich. Hier, in einem der meistbesuchten Orte des Napa Valley, begegnet der einfach neugierige oder fachkundige Weinfreund der Verzauberung.

Hinter der Produktion und der Vorstellung der Mondavi-Weine sind zwar starke ökologische und ästhetische Motive zu ahnen, doch es ist vor allem eine konkrete Entwicklung, die unter anderem über die ständig durchgeführten experimentellen und „erzieherischen“ Programme über die verschiedenen Verbindungen zwischen Gerichten und Weinen eingeleitet wird. Offensichtlich hat Robert Mondavi die Belehrungen seiner Mutter, einer hervorragenden Köchin, nicht vergessen, die es für absurd hielt, Weine für eine Cuvée auszusuchen, ohne sie vorher in Verbindung zu Lebensmitteln getestet zu haben. Und wenn es sich um ein so komplexes Produkt wie den Wein handelt, kann man die grundsätzliche Rolle der Erziehung bei der Erschaffung und der

Linke Seite: Das Hauptgebäude der Winery von Robert Mondavi entspricht dem Baustil der spanischen Missionare, die als erste Wein in Kalifornien einpflanzten.
Oben: Der Weinberg um die Winery in der Nähe von Yountville im Napa Valley.

Erhaltung des Marktes nie genug betonen. Dies hat Mondavi sehr gut begriffen. Und es ist kein Zufall, wenn ein anderer, wie er für Wein und Kultur ganz eingenommener Mann, der Baron Philippe de Rothschild, in ihm den idealen Partner für ein völlig innovatives Joint-venture zwischen Bordeaux und dem Napa Valley sah. Die Idee von Opus One wurde Mondavi 1970 von Rothschild vorgeschlagen, die erste Jahrgangsflasche entstand 1979, und die futuristische Winery von Opus vor gemacht hatten, doch mit dem immensen Vorteil der seither gewonnenen Erkenntnisse. Nur sehr wenige Weingüter können sich auf diese Weise auf ein einziges Ziel konzentrieren, das seinerseits den Versuch der Verbindung zweier Weinphilosophien, der von Bordeaux und der kalifornischen, voraussetzt. Dazu wurde die Verantwortung für die Weinbereitung einem Franzosen, Patrick Léon, und einem Amerikaner, Timothy Mondavi, übertragen, während eine Französin, Geneviève Jansens, die Produktion und ein amerikanisches Team das Marketing leitet. Für Opus One wurde alles im Hinblick auf das gesetzte Ziel durchdacht – das Ziel eines großen lagerfähigen Rotweines, wobei die besten Eigenschaften des Cabernet Sauvignon innerhalb eines andere Bordeaux-Reben einschließenden Verschnitts in den Vordergrund gestellt wurden. Zehn bis zwölf Jahrgänge waren nötig, bevor sich das wahre Potential des Weines bestätigte. Diese Zeit brauchte man, um jedem Glied in der Kette den letzten Schliff zu geben, denn ein großer Wein kann nur langsam entstehen.

Wenn man den spontanen Reaktionen der Weinkenner, die die Kellerlager von Opus One nach Vereinbarung besichtigen, glauben kann, wird die außerordentliche Qualität dieses Weines ohne Umschweife anerkannt. Während der Führung durch das Unternehmen wird die ganze didaktische Arbeit gemeinsam von Mouton-Rothschild und Mondavi, den beiden Gründern, durchgeführt.

One wurde 1991 eingeweiht. Das Ziel von Opus One war von Anfang an klar: die Verbindung des Know-hows Mondavis und Mouton-Rothschilds zur Herstellung des bestmöglichen Rotweines – und zwar anhand der besten Reben aus dem Napa Valley. Es ging also wirklich darum, *ex nihilo* die Entsprechung zu einem Premier Grand Cru classé zu erschaffen, wie es Pontacs und Ségurs dreihundert Jahre zu-

Nach der Fülle der technologischen Mittel, die in den achtziger Jahren die Weinherstellung in Kalifornien wie anderswo begleitet hat, befürwortet Mondavi, wie andere auch, die Rückkehr zu einer einfacheren und natürlicheren Auffassung der Dinge. Ein großer Wein beginnt sein

Leben für ihn hauptsächlich im Weinberg. Um seine Beweisführung zu unterstützen, erwähnt er die Kochkunst: Es ist unmöglich, mittelmäßige Produkte zu verbergen, gleichgültig in welchem Gericht. Zudem kann man sich leicht vorstellen, wie viele Emotionen und wieviel Leidenschaft die Erfahrung eines großen Weines birgt. Daran fehlte es diesem energischen Mann nie.

Verkostung

Alle Weine des breiten Mondavi-Angebots sind für ihre Beständigkeit berühmt. Auch wenn der Cabernet Sauvignon das unbestrittene Aushängeschild bleibt, scheint der Sauvignon Blanc eine interessante Tendenz anzudeuten, denn er entfernt sich von den ausgetretenen Wegen.

◆ *Robert Mondavi Cabernet Sauvignon Réserve*
Es ist hauptsächlich ein lagerfähiger Wein. Davon zeugt der 1979er Jahrgang, der noch sehr angenehm zu kosten ist.

◆ *1990*
Die Nase ist zunächst zurückhaltend, öffnet sich doch schließlich auf eine schöne Fruchtkonzentration mit einer holzigen Note. Im Mund ist er üppig und geschmeidig. Das Holz bleibt deutlich spürbar, doch die Tannine sind glatt und fein.

◆ *Sauvignon Blanc, Stag's Leap 1994*
Robert Mondavi meint, daß das spezifische Mikroklima der Region Stag's Leap dieser Rebe in jeder Hinsicht zuträglich ist. Dieser Wein ist ein schönes Beispiel für diese Sorte, mit sehr lebendigen Aromen grüner Früchte. Die Eigenschaften der Traube gehen gänzlich in das Glas über, Süße und Frische der Frucht sind vollkommen ausgeglichen.

◆ *Opus One*
Opus One wird anhand von drei roten Bordeaux-Rebsorten bereitet. Der Cabernet Sauvignon beherrscht deutlich die Verschnitte, sein Anteil schwankt zwischen 80 und 97 Prozent, wobei der Rest aus unterschiedlichen Anteilen Cabernet franc und Merlot besteht. An dieser Stelle muß betont werden, daß es sich um einen Lagerwein handelt: Die Verkostung der jüngsten Jahrgänge soll es lediglich ermöglichen, „ihre Zukunft zu kosten".

◆ *1980*
Eine wundervolle, sehr ausdrucksreiche und noch sehr junge Nase. Die noch immer frischen Früchte werden zu Marmelade, mit Nuancen wie zum Beispiel Brombeere, Schwarze Johannisbeere und Kirsche. Man ahnt die harmonische Entwicklung eines Weines, der sich die Spuren seiner Jugend erhalten hat, doch zur Reife gelangt ist. Der Eindruck im Mund ist glatt, mit einer kaum kräftigen rauchigen Note. Die Frucht ist noch immer spürbar und dauerhaft, mit einer vollkommenen Ausgeglichenheit zwischen Geschmeidigkeit und einer erfrischenden Festigkeit. Dieser Wein kann jetzt getrunken werden.

Stag's Leap Wine Cellars

Im Jahre 1880, einige Jahre bevor er „Dr. Jekyll und Mr. Hyde" schrieb, beschloß der Schotte Robert Louis Stevenson, der gerade in San Francisco geheiratet hatte, seine Flitterwochen in Silverado zu verbringen, einem verlassenen Bergwerkslager auf den Ausläufern des Napa Valley. Dort fand der große Reisende und Weinkenner zwischen den Gefühlsausbrüchen die Zeit, in seinem Tagebuch einige Zeilen über die beginnende Weinbautätigkeit der Region niederzuschreiben. Dabei erinnerte er sich auch an das wenige Jahre zuvor von der aus Amerika „importierten" Reblaus völlig verwüstete europäische Weinanbaugebiet: Seiner wie der Meinung seiner Zeitgenossen nach konnte man die Alte Welt, die von der schrecklichen Laus scheinbar bis in alle Ewigkeit zerstört worden war, als Anbaugebiet nur noch abschreiben. Und wie sehr bereute er, Stevenson, daß er nicht die Gelegenheit hatte, einen Châteauneuf-du-Pape, einen Hermitage zu kosten, und lediglich die Erinnerung an die großen Bordeaux-Weine bewahren konnte. Doch genug der Klagen! Schließlich könnte die Zukunft der Weinkultur genausogut in Kalifornien oder Australien entschieden werden, wie er sich bei der Verkostung der lokalen Weine hatte überzeugen können, die er für sehr ordentlich befunden hatte. In der Tat traten die Versuche, in den Tälern nahe San Francisco Wein anzupflanzen, an die Stelle des sich dem Ende zuneigenden Bergbaus. Die Prospektionsmethoden hatten durchaus Gemeinsamkeiten: „Man probiert ein Stückchen Boden nach dem anderen, eine Rebsorte nach der anderen aus. Hier scheitert man, dort sind die Ergebnisse zufriedenstellend, schließlich ist die dritte Lösung die beste. Nach und nach tasten sie sich heran auf der Suche nach einem weiteren Clos Vougeot oder einem weiteren Lafite. Diese Taschen und dieses Stückchen Land, die kostbarer sind als die Erze, strömen unvergeßliche Düfte aus; dies sind Verheißungen des Reichtums, wo der Boden durch die Einwirkung der Sonne und der Sterne sich sublimiert hat, um zu etwas Höherem zu gelangen, dessen Wein in Flaschen abgefüllte Dichtung ist: All diese mit Busch und Wäldern bedeckten Stellen sind noch zu entdecken. Und während der Bergmann den Felsen mit Hammerschlägen erforscht, schlendert der Grizzly-Bär in Ruhe umher. Diese Böden warten auf ihre Glanzstunde, auf ihren Kolumbus, während die Natur sie vorbereitet und pflegt. Der Geschmack des Bodens Kaliforniens wird am Gaumen unserer Enkel fortdauern."

Einige Jahrzehnte später war der europäische Weinberg wieder völlig hergestellt: Die Technik der Pfropfung europäischer Rebsorten auf widerstandsfähigere amerikanische Unterlagen hatte ihre Früchte getragen. In der Zwischenzeit wurden – unterbrochen von der Prohibition – die Forschungen fortgesetzt, die nach einer vollkommenen Synthese zwischen Boden, Klima und Rebsorte strebten. Außerdem hatten sich in den dreißiger Jahren einige kalifornische Winzer, darunter Beaulieu und Inglenook, in den Kopf gesetzt, hochwertige, mit den besten aus der Alten Welt und insbesondere den großen französischen Weinen vergleichbare

Linke Seite: Der Stag's Leap, oder „des Hirsches Sprung", ist der dieser am Rande des Weinberges verlaufenden Klippe von der indianischen Legende verliehene Name.
Oben: Riesige Ventilatoren schützen im Napa Valley die Rebstöcke vor dem Frühlingsfrost.

Gewächse herzustellen. Um 1960 wurde der Prozeß durch eine breit angelegte Anpflanzung französischer Rebsorten beschleunigt: Cabernet Sauvignon, eine rote Bordeaux-Rebsorte, und Chardonnay, eine weiße Rebsorte aus dem Burgund. Zu dieser Verbesserung des Sortenbestands kam eine Reihe von Bemühungen im Bereich der Weinbereitung hinzu, die von intelligenten, ausgesprochen neugierigen und zielstrebigen Menschen durchgeführt wurden. Eine neue Art Weinbereiter siedelte sich im Napa Valley an, darunter Warren Winiarski, ein ehemaliger Professor für Altphilologie an der Universität Chicago.

Mit Verbissenheit bemühten sie sich zu beweisen, daß die besten kalifornischen Produktionen mit den größten französischen Weinen konkurrieren konnten, und fanden dabei bei einer in Paris 1976 von Steven Spurrier, dem Gründer der Weinakademie, geleiteten Blindverkostung eine unerwartete und unersetzliche Unterstützung. Bei dieser Gelegenheit ging nämlich der 1973er Jahrgang von Stag's Leap Wine Cellars, der zweite von Winiarski auf seinem Gut hergestellte Jahrgang, als erster der hauptsächlich aus Cabernet Sauvignon bestehenden Rotweine hervor und übertraf somit mehrere 1970er Bordeaux Premiers Crus classés. Und um diese Beweisführung zu untermauern, belegte in der Kategorie der aus Chardonnay bestehenden Weißweine ein anderer Wein aus dem Napa Valley den ersten Platz – der Chardonnay von Château Montelena.

Man muß nicht erwähnen, daß diese Ergebnisse in den Vereinigten Staaten zu dieser Zeit eine ungeheure Auswirkung hatten. Zehn Jahre später wurde – diesmal aber in den Vereinigten Staaten – eine identische Verkostung durchgeführt, die mit denselben Weinen zu ähnlichen Ergebnissen führte. Kein Zweifel mehr – es gibt tatsächlich große Weine aus Kalifornien! Stag's Leap bildet nur einen winzigen Teil des Südostens des Napa Valleys. Diese Region, durch die der Silverado Trail führt und die eine eigene Appellation bildet, wird auf beiden Seiten von

Oben: Die Vorbereitung der Böden vor dem Einpflanzen.
Unten: Der das Kellerlager umgebende Garten. Die Schönheit der Lage schadet einem großen Wein nicht.
Rechte Seite: Der Weinfreund ist in Napa, wie hier in Stag's Leap Wine Cellars, immer willkommen.

jenen Klippen flankiert, die ihr ihren Namen verliehen. Eine Legende berichtet von einer Hirschjagd, bei der es dem von den Indianern verfolgten Tier gelang, ihnen zu entkommen, indem es den Abgrund übersprang, der die beiden Klippen trennt: Stag's Leap oder Des Hirsches Sprung.
Was den Namen Winiarski betrifft, ist auch dieser nicht neutral: Auf polnisch bedeutet er „vom Wein stammend". Eine seltsame Vorbestimmung. 1964 wollte er sein Leben ändern und war in das Tal gekommen, um hier den Beruf des Kellermeisters zu lernen. Und die Erleuchtung kam ihm 1968, als er, nachdem er einen von Nathan Fay bereiteten Stag's Leap-Wein gekostet hatte, von dem Potential der Region endgültig überzeugt wurde. So erwarb er 1970 ein Grundstück, das an das seines Freundes angrenzte.
Heute gehören seine Weine zu den großen Klassikern des Napa Valley; einer von ihnen, der Cask 23, ist sogar der teuerste in den Vereinigten Staaten. Von den Weinen der Stag's Leap Wine Cellars kann man sagen, daß sie ein vollkommenes Beispiel von Ausgeglichenheit bilden und damit das ruhige und überlegte Verhalten Warren Winiarskis widerspiegeln. Die Gebäude, die mit der Landschaft zu verschmelzen scheinen und geschützt hinter einem mit wunderschönen Eichen bedeckten Hügel liegen, zeugen auf wunderschöne Weise von den ästhetischen Bemühungen der Besitzer. Jenseits aller vorschnellen Urteile und Patentlösungen bleibt Winiarski selbstverständlich davon überzeugt, daß ein großer Wein zunächst den Gesetzen der Harmonie zu entsprechen hat. Ein großer Wein muß zugleich befriedigen und erregen können. Und dieses Gleichgewicht betrifft ebenfalls den Weinberg, wobei das Alter der Rebstöcke nach Winiarskis Ansicht wenig Bedeutung hat, da nur ihr gesunder Zustand es ermöglicht, daß die bestmögliche Frucht erzeugt wird. Ein Spaziergang durch seine tadellos gepflegten Rebstöcke liefert dafür den Beweis.

Verkostung

◆ *Cabernet Sauvignon Cask 23*

Die Nase ist wunderschön, sehr komplex, mit floralen Noten und vor allem einer qualitativ hochwertigen Frucht. Das Ganze scheint sublimiert, denn die Elemente verschmelzen ineinander. Im Mund herrscht derselbe ausgeglichene Eindruck vor, denn der Wein ist dicht, doch ohne Übertreibung. Er ist noch jung, mit runden Tanninen, die zum Kauen bewegen, dennoch voll und kann wegen der Frische seiner vollkommen reifen Frucht getrunken werden. Die Länge und die Frische des Abgangs sind beeindruckend. Einer der größten Cabernets der Welt.

Ridge Vineyards

Dies ist das höchste Weinanbaugebiet Kaliforniens. Es ist in den Santa Cruz Mountains, kaum 100 Kilometer von San Francisco entfernt, angesiedelt und hat seinen höchsten Punkt in 800 Metern Höhe bei einem Kamm namens Monte Bello – „der schöne Berg". Ein italienischer Auswanderer, Osae Perrone, gründete den Weinberg Monte Bello 1885, den er mit einem aus vor Ort gefundenen Kalksteinen gebauten Kellerlager ausstattete. Dieses Kellerlager besteht heute noch; es wurde vergrößert und beherbergt heute einen Teil der Anlagen von Ridge Vineyards.
Geschützt vor dem Nebel der Küstenregion genießt der Weinberg von Monte Bello eine ideale Lage: Eine Gebirgskette schützt ihn vor dem Meer, und in seiner Höhe herrschen die nächtliche Frische und der sanfte Wind, die das Leben süß machen. Dies gilt sowohl für die Menschen als auch für die Reben. Zudem ist der Ort äußerst beeindruckend: Es ist die großartige und eindrucksvolle Schönheit eines hoch im Gebirge liegenden Ortes am Rande einer zerklüfteten Welt – der berühmten ganz Kalifornien durchziehenden San Andreas-Spalte, die unmittelbar unterhalb des Weinberges verläuft. Die Region widmet sich nicht ausschließlich dem Weinanbau; im benachbarten Tal, etwas östlicher, entfaltet sich die größte Konzentration hochtechnisierter Industrie der Welt: Silicon Valley. Welch auffallender Kontrast zwischen dem ruhigen Stadtleben in diesem Tal mit seinen hübschen, sorgfältig in die adrette und geachtete Umwelt eingegliederten Häusern aus traditionellen Materialien und der doch etwas wilden Natur der sie überragenden Hügel. Die Bären sind schon lange verschwunden, aber die Raubvögel schießen weiterhin im Sturzflug auf die Kaninchen nieder.

Hier stehen die Rebzeilen weit auseinander, so daß die Weinberglandschaft sich von derjenigen, die man in Frankreich kennt, stark unterscheidet.

Oben: Ein Teil der Gebäude von Ridge Vineyards, eine schöne, von einem Garten umgebene und sich an den Hügel schmiegende Scheune.

Der Ridge, das heißt der Kamm, spielt außer seiner klimatischen Funktion in der Aufteilung der Mikroklimata die weniger bekannte Rolle des Lichtteilers, vor allem, wenn es sich wie hier um eine Nord-Süd-Ausrichtung handelt. Der Weinberg von Monte Bello ist hauptsächlich gen Osten ausgerichtet und somit vor den vom Pazifik kommenden Winden geschützt.
Im neunzehnten Jahrhundert wurden in Kalifornien verschiedene Weingüter gegründet, nur wenige davon haben überlebt. Zunächst kam die Reblaus, und das zu zerstören, was die schreckliche Laus übriggelassen hatte, übernahmen die Politiker: Die Prohibition zwang die meisten an qualitativ hochwertigen Weinen interessierten Winzer dazu, ihre Weinberge zwischen 1919 und 1933 aufzugeben. Deshalb ist die Geschichte all dieser Aushängeschilder wie die der Ridge Vineyards relativ jung und für den kalifornischen New Deal im Bereich des Weines kennzeichnend. Im Hintergrund steht ein großes, nahe gelegenes Forschungszentrum, die Stanford University. Sie spielte

eine entscheidende Rolle in der Renaissance des Monte Bello. Drei ihrer Ingenieure kauften den ehemaligen Weinberg Perrones auf und gründeten 1959 die Ridge Vineyards. Sie erweiterten ihn später nach und nach. Ein anderer Stanford-Absolvent, im Fach Philosophie allerdings, Paul Draper, schloß sich ihnen 1969 als Leiter der Weinbereitung an. Und es ist interessant zu wissen, daß letzterer erzählt, zunächst als Amateur mit dem Wein in Berührung gekommen zu sein, bevor er lernte, ihn zu machen. Hier spricht ein Mann, der den Wein für den eigenen Gaumen und nicht entsprechend rein technischen Normen herstellt. Im übrigen wurde Paul Draper durch seine Laufbahn kein von Theorien überzeugter Weinbereiter – durchaus nicht –, aber er ist wahrscheinlich einer der weltweit besonnensten Winzer. Man kann ohne Übertreibung sagen, daß Draper – der ein Studium absolvierte, aber zugleich die Notwendigkeit einer weniger „technologisch" orientierten Weinbereitung betonte – derjenige ist, der am meisten zur Renaissance des traditionellen kalifornischen Stils beigetragen hat. Der sonst fast unbekannte Zinfandel ist die in Kalifornien am meisten angebaute Rebsorte. Deren Ursprung kennt niemand genau. Sicher ist nur, daß sie aufgrund ihrer Fähigkeit, sich den örtlichen Klimata anzupassen, und der Vielfalt der aus ihr erzeugten Weinstile zum Liebling der ersten kalifornischen Weinberge wurde. Einige frühere Anbauflächen hatten überlebt, die Paul Draper ausfindig zu machen wußte. Anfangs begnügte er sich damit, deren Reben anzukaufen, doch dann erwarben die Ridge Vineyards kürzlich zwei der besten, in der Region von Sonoma gelegenen Parzellen. Die Crus von Geyserville und Lytton Springs sind ein Muß, wenn man einen wirklich anderen Wein mit den betörenden Aromen eines Buketts aus Tausendundeiner Nacht kosten möchte. Und die Tatsache, daß auf diesen Parzellen manchmal über hundert Jahre alte Rebstöcke Früchte tragen, mag durchaus zu der Dichte der Empfindungen beitragen. Die globale Vorgehensweise Paul Drapers ist von dem Verhalten des Zauberlehrlings weit entfernt. Seiner Meinung nach erzeugt der Winzer den Wein nicht, sondern hilft er bei seiner „Entbindung". Dies gilt auch für das Terroir des Weinbergs, bei dessen Führung einzig das Bedachtsein auf die Natur der Frucht entscheiden soll. Nur so können den Weinen ihre spezifischen Eigenschaften wiedergegeben werden.

Verkostung

◆ *Monte Bello 1991*

Die Nase ist schlicht betörend.
Die dunklen und reichen Aromen mit Eukalyptusnoten kommen hinter einer gewissen, schließlich nur scheinbaren Strenge auf. Im Mund ist der Wein sehr komplett, vollmundig und sehr frisch.
Trotz der glatten und eleganten Textur hält die Frucht an.
All diese Empfindungen begleiten auf wunderbare Weise die angebotenen Gerichte.
In seiner Essenz ist dies ein großer Wein.

◆ *Lytton Springs 1991*

Dieser aus 80 Prozent Zinfandel bereitete Wein, dem Carignan, Kleine Syrah und Grenache beigefügt wurden, ist quasi ein Monster. Die großartige Konzentration von Früchten und Gewürzen der Nase wird im Mund in jeder Hinsicht bestätigt. Er ist zugleich zärtlich und explosiv. Kurzum, ein echter Genußschwall. Erstaunlicherweise weist dieser so konzentrierte Wein keinerlei Härte auf.

Inniskillin Icewine

Man möge sich zunächst den Hohen Norden mit seinen endlosen, früher von Schlitten, heute prosaischerweise von Schneescootern durchquerten Flächen vorstellen; man gehe weiter bis zur amerikanischen Grenze, und dort findet man die größten und beeindruckendsten Wasserfälle der Welt: die Niagarafälle. Es ist ein seltsames Gefühl, hundert Meilen von jeder vorgefaßten Meinung über Weine entfernt, wo sich Schwindel und äußerste Kühle vereinen. In der Tat sind eben dies die beiden Bedingungen, die die Produktion eines der merkwürdigsten Weine bestimmen: eine große Kälte und eine enorme Wassermenge.

Bei einem großen Wein sind es seine engen Ähnlichkeiten mit seinem Produktionsort, die ihm jenseits der Flächengröße all seine Eigenschaften verleihen und so seine Spezifizität ausmachen. Die geographische Lage Kanadas eignet sich selbstverständlich nicht sonderlich gut für all die Vorstellungen, die die Erwähnung von Weinbauterroirs im allgemeinen erwecken. Und dennoch entspricht die Breitenlage der Niagara-Halbinsel eigenartigerweise ungefähr derjenigen von Châteauneuf-du-Pape in Frankreich. Wenn man außerdem einräumt, daß die Klimatologie eines Ortes sich nicht allein auf seine Entfernung zu den Polen beschränkt, kann man feststellen, daß die sich auf beiden Seiten der Kanada und die Vereinigten Staaten trennenden Grenze erstreckende Region der Großen Seen ebenfalls ein Mikroklima genießt, das ihr ermöglicht, trotz manchmal neun Monate langer Winter unter

Links: Das Weingut Inniskillin befindet sich am Niagara, circa 12 Kilometer von den berühmten Fällen entfernt.
Die Gebäude des Weingutes wurden von dem großen amerikanischen Architekten Frank Lloyd Wright inspiriert.

anderem Wein zu produzieren. In den Küstenregionen Kaliforniens und des Bordeaux-Gebiets mildern die in der Nähe der Weinberge gelegenen Ozeane das Klima. Hier ist die Rolle der Wassermengen des Ontario- und des Erie-Sees noch ausgeprägter und besteht darin, die im allgemeinen zwischen Winter und Sommer herrschenden extremen Temperaturabweichungen auszugleichen. Eben diese große winterliche Kälte bildet die für die Produktion des außergewöhnlichsten Weines der Region, des Icewine, erforderlichen Bedingungen. Die besondere Technik für die Herstellung des Icewine ist allerdings hauptsächlich in Deutschland und Österreich bekannt – für den berühmten Eiswein. Die meist aus der Riesling-Rebe stammenden Eisweine des Mosel- und des Rheingebietes sind Musterbeispiele, die besten von ihnen erreichen Preise, die sie zu den teuersten der Welt machen. Die in Inniskillin für den Icewine verwendete Rebe ist eine Hybride: der Vidal; dies ist wahrscheinlich der einzige große Wein, der von einer Kreuzung aus amerikanischen und europäischen Sorten herrührt. Dank ihres besonders geeigneten Klimas ist die Provinz Ontario vor allem in der sich in der Nähe der Niagarafälle befindenden Region zur ersten Produktionsstätte dieser Art Wein geworden. Ein merkwürdiger Zufall; aber ist dies wirklich ein Zufall? Einer der Gründer von Inniskillin, Karl Kaiser, stammt aus Österreich. Wie dem auch sei – in kürzester Zeit wurde der Inniskillin Icewine zum Stolz Kanadas und erhielt sogar einen Großen Ehrenpreis bei der 1991er Vinexpo, einer der größten Weinmessen der Welt, die alle zwei Jahre in Bordeaux stattfindet.

Im Falle des Icewine bleiben die Trauben lange nach dem Blattfall, praktisch bis zur Mitte des Winters im Dezember oder Januar, auf den Rebstöcken. Durch die wiederholte Einwirkung von Frost und Tauwetter werden die reifen Trauben einer Art Dehydrierung unterzogen, welche zu einer sehr starken Konzentration aller Elemente der Beere – Zucker, Säure und aller Trockenstoffe – führt, die so aufs

Wesentliche reduziert werden. Man kann sich leicht vorstellen, daß die Saftmenge für jeden Rebstock nur 5 bis 10 Prozent einer normalen Lese ausmacht, und die Rebstöcke daher mit Netzen vor jeglichem Naschangriff durch Vögel geschützt werden – und dies bis zur Weinlese. Letztere erfolgt mitten in der Nacht, damit die vollständig gefrorenen Reben zur Kelter geführt werden, was bei Temperaturen von –10 °C eine besonders mühsame Arbeit darstellt. Und dennoch sind die Erntehelferstellen in Inniskillin zwei Jahre im voraus besetzt. Nach dem Keltern gären

Oben links und rechts: Die gefrorenen Trauben werden nachts bei –10 °C gelesen!
Linke Seite unten: Der Weinberg von Inniskillin.
Unten: Der kleine Leuchtturm von Niagara-on-the-Lake.

die wenigen aus der Traube ausgepreßten Tropfen mehrere Monate und ergeben einen Wein mit relativ schwachem Alkoholgehalt, aber einer außergewöhnlichen Aromenkonzentration.

Verkostung

◆ *Inniskillin Icewine 1989*

Die sehr schöne Robe ist schwer definierbar, mit Altgold-, Bernstein- und Orangen-Spiegelungen. Die generelle Farbe ist sehr glänzend. Die sehr intensive Nase vermittelt einen unmittelbaren Genuß und enthüllt dann aufeinanderfolgende Aromenschichten, die sich nach und nach entfalten, wenn der Kontakt zwischen Wein und Luft sich einstellt und ausdehnt. Man ahnt Noten wie Blumen, Gemüse, kandierte Früchte, Tabak, wobei das Ganze zugleich geröstet und sehr frisch zu sein scheint. Denselben Kontrast findet man im Mund wieder, wo die Frucht von der Kraft und der Strenge der Säure unterstützt wird, während die Zuckerkonzentration allmählich die von der Nase erahnten Aromen aufkommen läßt. Diese Aromen nach zugleich trockenen und frischen Früchten scheinen am Gaumen zu haften und erweitern sich bald zu Marmelade, bald zu Kaffee oder Karamel. Die Worte fehlen, um eine solche Komplexität des Geschmacks wiederzugeben, nur eine Verkostung könnte das Problem lösen.

Penfold's Grange

Die Geschichte des australischen Weines führt ungefähr so weit zurück wie die des kalifornischen. Während an der Westküste des Landes, das zu einem der modernsten Staaten der Vereinigten Staaten werden sollte, die Franziskanermönche den Wein einpflanzten, übernahm in Australien die erste Regierung der jungen britischen Kolonie diese Rolle. Als 1788 der Kapitän Arthur Philip diese jungen Pflanzen wachsen sah, sagte er prophetisch: „Unter einem so günstigen Klima kann der Weinanbau zur Perfektion gelangen, und wenn keine andere Handelsware die Kolonisten davon ablenkt, könnten die Weine von Neusüdwales später heiß begehrt und auf europäischen Tafeln unverzichtbar werden." Nahezu zwei Jahrhunderte mußte man warten, bis seine Vorhersage in Erfüllung ging. Und wenn Australien heute zu den Weinanbauländern gehört, die die Fläche ihres Anbaugebietes deutlich erweitern, ist gleichzeitig seit ungefähr zwanzig Jahren eine Beschleunigung der zu einer Produktion von qualitativ hochwertigen Weinen tendierenden Bewegung zu beobachten. Doch wurzelt die Dynamik des australischen Weinanbaus in einer merkwürdigen Mischung zweier zum Nebeneinander gezwungener Strömungen: einerseits einer sehr starken industriellen Konzentration der Weinproduktion – vier Gesellschaften teilen sich 80 Prozent der Weinproduktion – und andererseits einer Vielzahl von entschieden unabhängigen, sehr kreativen und mit dem Mut aller Pioniere gewappneten Winemakers. Auf diesem Kontinent diente der Wein als Katalysator eines riesigen, noch nicht genutzten Potentials, doch der größte Wein Australiens wäre beinahe nie entstanden.

Oben: Die Weinbauanlagen von Grange, dem der Penfold's-Gruppe gehörenden Gut.
Rechte Seite: Max Schubert, der geniale Initiator dieses großen australischen Weines.

Alles begann mit Max Schubert, dem Erfinder dieses Weines, den er, bevor er ihn Grange nannte, manchmal insgeheim unter dem Codenamen „Bin 95" entwickelt hatte. Das berühmt gewordene „Grange Hermitage" leitet seinen Namen zum einen von dem Bauernhof des Gründers der Penfold's Society Grange Cottage her, zum anderen von dem früher in Australien für die aus der Syrah-Rebe entstandenen Weine verwendeten Wort Hermitage. Wie jede Innovation war Grange natürlich von Anfang an Gegenstand von Kontroversen. 1951 entstand der erste Jahrgang. Seit 1931 war Max Schubert bei Penfold's angestellt, und 1950 unternahm er eine erste Studienreise durch die Weinberge Europas. In Bordeaux wurde er bei Christian Cruse aufgenommen, der ihm die Möglichkeit gab, alte Weine zu kosten, die

Oben: Die in Australien als Shiraz bezeichnete Syrah-Rebe wird in voneinander weit abstehenden Zeilen gepflanzt.

wunderschöne Aromen beibehalten hatten. Diese Enthüllung des Potentials einiger Weine regte Max Schubert dazu an, seinen bescheidenen Beitrag zur Verbesserung der damals sehr mittelmäßigen, überwiegend alkohollastigen australischen Weine zu leisten. Er wollte einen lagerfähigen, typisch australischen Wein entwickeln und griff auf die hier als Shiraz bezeichnete Syrah zurück, jene Rebe, aus der die großen Weine der Côte Rôtie und von L'Hermitage hergestellt werden. Aber die Reaktionen der Leiter von Penfold's auf die ersten Jahrgänge waren so negativ, daß das Experiment abgebrochen zu werden drohte. Grange brauchte Zeit, um seinen Reichtum zu entfalten, und die Öffentlichkeit brauchte ebenfalls Zeit, um einen in Vergleich zu ihren „Referenzen" so innovativen Geschmack zu akzeptieren. Das Ergebnis: Grange ist zum unbestrittenen König der australischen Weine geworden und hatte sogar Nacheiferer.

Die Trauben stammen nicht immer aus denselben Weinbergen. Das Prinzip beruht hier auf einer Auswahl der besten Reben, vorausgesetzt, daß sie die Standards des Stils einhalten. Es gibt natürlich einen „harten Kern" von Weinbergen, die die Kontinuität des „Grange"-Stils gewährleisten, doch bleibt das absolute Auswahlkriterium die Qualität der Frucht und nicht deren Ursprung. Diese Besonderheit und eine großartige Weinbereitung haben es Grange ermöglicht, seit vierzig Jahren jene schöne Beständigkeit zu erreichen und einzuhalten, die zweifellos das Zeichen eines großen Weines ist.

Der einzigartige Stil von Grange widersteht den Moden, wie es nur starke Persönlichkeiten aus dem europäischen „Terroir" können. Der gebürtige Deutsche Max Schubert meinte einst zu seinem „Kind": „Ich hoffe, daß die Produktion von Grange und die Aufnahme, die ihm als großem australischem Wein zuteil wurde, bewiesen haben, daß wir in der Lage sind, Weine zu produzieren, die den besten der Welt gleichkommen. Aber wir sollten uns nicht scheuen, nach unseren eigenen Überzeugungen zu handeln und weiterhin unsere Phantasie zu benutzen."

Verkostung

◆ *Grange 1990*

Die Nase ist sehr intensiv und entfaltet durchdringende Brombeeren- und Johannisbeerenaromen sowie etwas Dunkles, das an Teer erinnert. Sie ist ätherisch, aber doch bodenständig. Im Mund entfaltet sich ein Feuerwerk aus rauchigen und mentholhaltigen Noten, von Gewürzen; das Ganze hat einen pikanten Charakter. Alles vermittelt bereits viel Genuß! Ein sehr großer Wein, der Jahrzehnte glücklich überstehen wird.

Cloudy Bay

Die Geschichte des Weinanbaus in Neuseeland ist kurz, sie blieb bis in die 80er Jahre wenig glorreich. So ging in den Jahren nach dem Zweiten Weltkrieg eine internationale Untersuchungskommission sogar soweit zu behaupten, daß ein Großteil der lokalen Produktion für den Verzehr ungeeignet sei, zumindest in den Ländern außerhalb Neuseelands. Das in diesem Gebiet zu isolierte, von den meisten Ländern mit Weinbautradition zu weit entfernte Neuseeland konnte unter der vollständigen Abwesenheit einer Weinkultur nur leiden. Man mußte bis 1979 warten, bis die erste Weinkneipe des Landes eröffnete. Aber seitdem war die Entwicklung beeindruckend, und die neuseeländische Sauvignon blanc-Produktion ist unter anderem zu einem weltweiten Maßstab geworden.

Cloudy Bay, dieser Wein mit dem so vielsagenden Etikett, zeugt alleine schon von dieser blitzschnellen Entwicklung und den sehr spezifischen Eigenschaften der neuseeländischen Weißweine. Der erste Cloudy Bay-Wein wurde 1985 mit improvisiertem Material hergestellt und erlebte einen sofortigen Erfolg; zehn Jahre später produziert der Weinberg circa 50.000 Kisten des weltweit begehrten Sauvignons. Es handelt sich zwar um einen Wein, dessen Existenz und Erfolg zu einem großen Teil von dem der Frucht so eigenen Geschmack abhängt, aus der er stammt. Doch der Begriff des Terroirs sollte bei der Erklärung des Erfolgs nicht auf diesen Bruchteil beschränkt werden. Wie andere Länder auch, hat Neuseeland zahlreiche Erforschungen unternommen, um diese Terroirs zu entdecken und besser zu kennen. In der Region von Marlborough auf der südlichen Insel strebt das Wairau Valley danach, ein solches Terroir zu werden.

Oben: Das Schild am Eingang des Weingutes von Cloudy Bay.
Rechts oben: Die auf dem Etikett abgebildete Gebirgslandschaft ist keine Erfindung eines Grafikers, sondern Wirklichkeit.
Rechts unten: Dieses Terroir erzeugt einen der begehrtesten Sauvignons der Welt.

Um Cloudy Bay zu erreichen, muß man die Cook-Straße überqueren, die die Nordinsel von der Südinsel trennt. Am bequemsten benutzt man dazu ab Wellington eines dieser kleinen Flugzeuge, die die Eingeborenen als „fliegende Bleistifte“ bezeichnen. Der kurze Flug ist manchmal etwas bewegt, da Neuseeland als Gebirgsland häufig Turbulenzen erlebt. Der Flug über die Lage ermöglicht es, einige der Bestandteile zu begreifen, die zum Erfolg von Cloudy Bay beigetragen haben: das Klima, das Etikett, der Name. Im Nordosten des Tals schützen die grünenden Berge die Weinberge vor dem Wind und halten die vom nahe gelegenen Ozean kommenden Regenfälle ab. Auf der anderen Seite des Tals weist eine zweite, aber trockene Gebirgskette spürbar abweichende Niederschlagswerte zwischen diesem und jenem Rand des Tals und daher zwischen diesem und jenem Weinberg auf. Das frische Klima und die hervorragende Sonneneinstrahlung tragen in großem Maße zu den Eigenschaften der Marlborough-Weine bei: ein alter Maori-Sinnspruch behauptet, daß im Wairau Valley die Sonne immer scheine. Wenn man sie durch das Flugzeugfenster betrachtet, sehen diese Berge genauso aus wie auf dem Etikett des Cloudy Bay. Woher stammt dieser Name? Cloudy Bay ist der Name der Wairau-Mündung, die von Kapitän Cook bei seiner ersten Weltumsegelung 1770 so genannt wurde. Er hatte festgestellt, daß das Wasser dort oft durch die Erde getrübt ist, die von dem den Berg hinunterfließenden Fluß mitgeführt wird. „Cloudy“ erinnert aber noch an etwas „Wolkiges“, jene undefinierbare Trübung eben, die dem Wein eine unvergleichliche Vorstellungswelt verleiht.

David Hohnen gründete Cloudy Bay, nachdem er ein wunderschönes Anwesen, Cape Mentelle, im Südwesten Australiens erschaffen hatte; Kevin Judd kam hinzu. Unter all den wunderschönen in Cloudy Bay produzierten Weinen hat der Sauvignon die Weinkenner aus der ganzen Welt am meisten beeindruckt – zweifellos aufgrund seiner selten intensiven Fruchtigkeit und der Tatsache, daß keine beizende Säure den Genuß einschränkt. Trotz der bei der Weinlese oft schwierigen meteorologischen Bedingungen bildet die Qualität der Cloudy Bay-Weine weiterhin ein Beispiel. Und mit der Zeit entdeckt man, daß diese Weine nicht weniger lagerfähig sind, auch wenn nur wenige Weinfreunde sich zu gedulden wissen – ihre Begeisterung ist nur mit dem rasenden Tempo zu vergleichen, in dem die Entdeckungen der Winzer der Neuen Welt fortschreiten.

VERKOSTUNG

◆ *Cloudy Bay Sauvignon Blanc 1995*
Die Robe ist blaß, aus einem etwas grünen silbrigen Goldton. Die Nase führt ins Land der Früchte, mit ihren sehr frischen und lebendigen Stachelbeer-, Kiwi-, Mango- und Apfelaromen. Diese lassen einem das Wasser im Mund zusammenlaufen und erscheinen mit einer Art Abgerundetheit, die einen sofortigen Genuß vermittelt. Diese ist einfach, aber das Ganze ist wirklich köstlich.

PRAKTISCHER LEITFADEN

Bestimmte Informationen und Ratschläge können nützlich sein, wenn Sie die Regionen oder die Orte selbst besichtigen möchten, an denen die Weine dieses Buches hergestellt werden. Hier finden Sie die Adressen der Weingüter, die wir besichtigt haben. Wir haben außerdem versucht, Ihnen einige praktische Ratschläge zu geben.

Allgemeine Ratschläge

DIE NEUE WELT

Man muß zugeben, daß die Länder der Neuen Welt in diesem Bereich den europäischen Ländern oft voraus sind. Dies ist verständlich, da der Weinverbrauch in diesen Ländern begrenzt ist, und die erzieherische, von einem „intelligenten" Tourismus gewährleistete Arbeit wird von den Produzenten sehr wohl begriffen. In einigen dieser Länder leben viele Weingüter größtenteils von dem Verkauf in den eigenen Geschäften. Diese oft kleinen und außerhalb ihrer Region wenig bekannten Weingüter werden logischerweise als „Boutique Wineries" bezeichnet.

Kalifornien und insbesondere das Napa Valley sind ein echtes Paradies, wenn man touristische Weinstraßen entlangfahren oder die Besichtigung von Weingütern mit anderen Aktivitäten verbinden möchte. In einer Region mit einer wunderschönen Natur ist alles dazu geschaffen, den wißbegierigen Besucher zu leiten und zu informieren.

Australien, Neuseeland und Südafrika sind mit einer nicht selten eindrucksvollen Landschaft auf demselben Weg und umsorgen den Besucher, der oft eine beträchtliche Strecke zurücklegt, um ins Gelobte Land zu gelangen.

FRANKREICH

Es wäre illusorisch zu behaupten, daß die Lage der Weintouristik in Frankreich so schön sei, aber es gibt Ausnahmen. In Frankreich wurden seit einigen Jahren viele Bemühungen unternommen. Das Burgund ist leicht zu besichtigen, und der Weinfreund wird oft überaus herzlich empfangen. Bei den beliebtesten Winzern sollte man die Kunst der Geduld erlernen, um einige Flaschen bestimmter, in winzigen Mengen produzierter Weine zu erwerben, aber für den Stöberer gibt es überall Schätze. Es ist etwas Wahres an dem Sinnspruch, der besagt, daß die Burgunder nichts zu verkaufen haben, aber bereit sind, Sie ihren ganzen Keller verkosten zu lassen; etwas Wahres ist aber wohl auch an der gegenteiligen Aussage, die die Einwohner der Bordeaux-Region betrifft. Ihre Kellerlager können bis obenhin voll sein, aber wenn sie Sie einen einzigen Jahrgang ihres gar nicht so seltenen Nektars probieren lassen, können Sie sich glücklich schätzen. Dies ist vor allem bei den berühmtesten Jahrgängen der Fall: Lohn des Ruhms oder verletzende Lässigkeit aufrichtigen Liebhabern gegenüber? Jedenfalls lautet die Zensur für Bordeaux: „Muß sich noch verbessern".

In der Champagne machen die großen Häuser ihre Arbeit im allgemeinen gut, mit kompetenten Besichtigungsprogrammen und mehrsprachigen Führerinnen. Die Besichtigung des Kellers eines Hauses in der Champagne kann eine zauberhafte Erfahrung sein, wenn man eines der Häuser aussucht, die Besichtigungen nur nach Vereinbarung und in kleinen Besuchergruppen anbieten.

Das Elsaß ist eine der schönsten Regionen Frankreichs für den Tourismus und für die gesamte Welt der Gastronomie und des Weines. Wie in der Touraine oder in den Côtes-du-Rhône ist es einfach, ein Weingut zu besichtigen, aber es ist empfehlenswert, sich vorher telefonisch anzumelden.

ITALIEN

Die beiden in diesem Buch erwähnten Weinanbaugebiete, die Region von Langhe im Piemont und die des Westens der Toskana, sind wunderschön, und es fällt schwer, wieder abzureisen. Der Wein beherrscht die Hügel von Langhe, und die Zwillingsappellationen Barolo und Barbaresco bergen unzählige Schätze. Man muß die Tatsache berücksichtigen, daß die Weingüter im allgemeinen klein sind und der Besitzer sich meistens (um so besser für den Wein) in seinem Weinberg aufhält. Rund um die kleine Stadt Bolgheri ist der Wein weniger allgegenwärtig als im Chianti-Gebiet in der Nähe von Florenz. Aber das Meer ist nah, und die Restaurants der Küste sind es auch. Unter ihnen besitzt Il Gambero Rosso Weinkarten von der ganzen Region.

DEUTSCHLAND

Das Moseltal mit den beiden Zuflüssen Saar und Ruwer ist eines der schönsten und der eindrucksvollsten Weinbaugebiete der Welt. Die Stadt Trier war ein höchst wichtiges römisches Zentrum, und die Weinberge erstrecken sich auf den steilen Hängen den Flüssen entlang. Ein Spaziergang im Boot oder über Land ist ein Genuß für die Augen und eine Einladung zur Verkostung dieser so feinen und leichten Weißweine, die den Ruhm der deutschen Tradition begründen. Die kleinen Städte, wie zum Beispiel Bernkastel, sind sehr gepflegt und die Informationen für die Besucher vollständig.
Nördlicher mündet die Mosel in den Rhein, und das Tal wird breiter. Durch die Nähe zu den großen Städten nimmt die Zahl der Touristen zu, und weitere Aktivitäten entwickeln sich. Sehr schöne Städte mit alter Weinbautradition bieten spannende Besichtigungsmöglichkeiten. Zahlreiche Produzenten empfangen die Besucher freundlich, aber wie immer sollte man seine Ankunft doch lieber ankündigen.

ÖSTERREICH

Österreich ist vielleicht das europäische Land, bei dem die im Bereich der Qualität der Weine und des dem Weintourismus bereiteten Empfangs erzielten Fortschritte am eindrucksvollsten sind. Das Weinmuseum und die Önothek der Stadt Rust sind beispielhaft, aber auch die Steiermark und vor allem die großartige Wachau sind Weinbauregionen, die zu besichtigen sich lohnt.

DIE ZU MEIDENDEN ZEITEN

Es wird dringend empfohlen, telefonisch einen Termin zu vereinbaren, bevor man sich zur Besichtigung eines der in diesem Buch erwähnten Weingüter aufmacht. Die meisten empfangen Besucher nach Absprache, aber es gibt auch Ausnahmen.
Es sollte vermieden werden, einen Termin während der Weinlese zu vereinbaren, die in der nördlichen Hemisphäre zwischen Ende August und Mitte Oktober und in der südlichen zwischen Ende März und Mitte Mai erfolgt. Man darf nämlich nicht vergessen, daß diese Weingüter vor allen Dingen Produktionsstätten sind und daß die Weinlese die Zeit darstellt, in der alle Energie und die meisten verfügbaren Freiräume mobilisiert werden, um die bestmöglichen Weine zu produzieren. Einige Weingüter besitzen dennoch eine Besichtigungsabteilung, die den Empfang von Besuchern auch während der Weinlese ermöglicht.

Adressen

LIBANON, BEKAA-TAL
CHÂTEAU MUSAR
BP 281 – Imm Sopenco
Rue Baroudy Achrafleh
Beirut – LIBANON
Tel.: 961 1 201 928 – Fax: 961 1 201 827

FRANKREICH, BORDEAUX
CHÂTEAU MARGAUX
33460 Margaux
Tel.: 33 5 57 88 70 28 – Fax: 33 5 57 88 31 32

CHÂTEAU LATOUR
33250 Pauillac
Tel.: 33 5 56 73 19 80 – Fax: 33 5 56 73 19 81

CHÂTEAU LAFITE-ROTHSCHILD
33250 Pauillac
Tel.: 33 5 56 73 18 18 – Fax: 33 5 56 59 26 83

CHÂTEAU MOUTON-ROTHSCHILD
10, rue de Grassi – 33250 Pauillac
Tel.: 33 5 56 73 20 20 – Fax: 33 5 56 73 20 44

CHÂTEAU HAUT-BRION
133, avenue Jean Jaurès – BP 24
33602 Pessac cedex
Tel.: 33 5 56 00 29 30 – Fax: 33 5 56 98 75 14

PÉTRUS
Etablissements Jean-Pierre Moueix – BP 129
33502 Libourne
Tel.: 33 5 57 51 93 66 – Fax: 33 5 57 51 79 79

CHÂTEAU CHEVAL BLANC
33330 Saint-Emilion
Tel.: 33 5 57 55 55 55 – Fax: 33 5 57 55 55 50

CHÂTEAU D'YQUEM
Sauternes – 33210 Langon
Tel.: 33 5 57 98 07 07 – Fax: 33 5 57 98 07 08

FRANKREICH, CHAMPAGNE
BOLLINGER
16, rue Jules-Lobet – 51 160 Aÿ
Tel.: 33 3 26 53 33 66 – Fax: 33 3 26 54 85 59

ROEDERER
21, boulevard Lundy – 51100 Reims
Tel.: 33 3 26 40 42 11 – Fax: 33 3 26 47 66 51

KRUG
5, rue Coquebert – 51100 Reims
Tel.: 33 3 26 84 44 20 – Fax: 33 3 26 84 44 49

VEUVE CLICQUOT
12, rue du Temple – 51100 Reims
Tel.: 33 3 26 89 54 40 – Fax: 33 3 26 40 60 17

FRANKREICH, BURGUND
LA ROMANÉE (s. Bouchard Père et Fils)
Domaine de la Romanée-Conti – 1, rue Derrière-le-Four – 21700 Vosne-Romanée
Tel.: 33 3 80 61 04 57 – Fax: 33 3 80 61 05 72

BOUCHARD PÈRE ET FILS
Au château – BP 70 – 21202 Beaune
Tel.: 33 3 80 24 80 24 – Fax: 33 3 80 24 97 56

FRANKREICH, ELSASS
DOMAINE WEINBACH
Clos des Capucins – 25, route du Vin
68240 Kaysersberg
Tel.: 33 3 89 47 13 21 – Fax: 33 3 89 47 38 18

ZIND-HUMBRECHT
4, rue de Colmar – BP 22 – 68230 Turckheim
Tel.: 33 3 89 27 02 05 – Fax: 33 3 89 27 22 58

FRANKREICH, JURA
CHÂTEAU D'ARLAY
39140 Arlay
Tel.: 33 4 84 85 04 22 – Fax: 33 4 84 48 17 96

FRANKREICH, CÔTES-DU-RHÔNE
CHÂTEAU GRILLET
42410 Vérin
Tel.: 33 4 74 59 51 56 – Fax: 33 4 78 92 96 10

E. GUIGAL
69420 Ampuis
Tel.: 33 4 74 56 10 22 – Fax: 33 4 74 56 18 76

CHÂTEAU DE BEAUCASTEL
Chemin de Beaucastel – 84350 Courthezon
Tel.: 33 4 90 70 41 00 – Fax: 33 4 90 70 41 19

FRANKREICH, LANGUEDOC
MAS DE DAUMAS GASSAC
34150 Aniane
Tel.: 33 4 67 57 71 28 – Fax: 33 4 67 57 41 03

FRANKREICH, LOIRE
DOMAINE HUET
11/13, rue de la Croix Buisée – 37210 Vouvray
Tel.: 33 2 47 52 78 87 – Fax: 33 2 47 52 66 51

LA COULÉE DE SERRANT
Château de la Roche aux Moines
49170 Savennières
Tel.: 33 2 41 72 22 32 – Fax: 33 2 41 72 28 68

ITALIEN, TOSKANA
SASSICAIA
Tenuta san guido – 57020 Bolgheri
Tel.: 39 56 57 60 17 – Fax: 39 56 57 62 003

ITALIEN, PIEMONT
BRUNO GIACOSA
12 057 Neive
Tel.: 39 17 36 70 27 – Fax: 39 17 36 77 477

GAJA
Via Torino 36 – 12050 Barbaresco
Tel. und Fax: 39 17 36 35 158

SPANIEN, KASTILIEN-LEON
BODEGAS VEGA SICILIA
E-47259 Valbuena del Duero
Tel.: 34 83 68 01 47 – Fax: 34 83 68 02 63

PORTUGAL, PORTO
Taylor's Port – P.O Box 24 – 4401 Vila Nova de Gaia – Codex
Tel.: 351 2 37 19 999 – Fax: 351 2 37 00 949

QUINTA DO NOVAL
P.O Box 57 – 4401 Vila Nova de Gaia
Tel.: 351 2 30 20 20 – Fax: 351 2 30 03 65

DEUTSCHLANDF, MOSEL-SAAR-RUWER
WEINGUT J. J. PRÜM
54470 Bernkastel/Wehlen
Tel.: 0 65 31 30 91 – Fax: 0 65 31 60 71

MAXIMIN GRÜNHAUS
C. von Schubert'sche
Gutsverwaltung – 54318 Grünhaus/Trier
Tel.: 0 65 15 111 – Fax: 0 65 15 212

DEUTSCHLAND, RHEINGAU
SCHLOSS JOHANNISBERG
65366 Geisenheim/Johannisberg
Tel.: 0 67 22 70 09 – Fax: 0 67 22 80 27

WEINGUT ROBERT WEIL
Mühlberg 5 – 65399 Kiedrich/Rheingau
Tel.: 0 61 23 23 08 – Fax: 0 61 23 15 46

UNGARN, TOKAJ
TOKAJ RENAISSANCE
3910 Tokaj – PF 17 – Kossuth ter 15
Tel.: 36 47 352 009 – Fax: 36 47 352 141

ÖSTERREICH, BURGENLAND
RUSTER AUSBRUCH
Robert Wenzel Weinbau
Hauptstrasse 29 – A 7071 Rust
Tel.: 43 02 685 287

SÜDAFRIKA, KAPSTADT
KLEIN CONSTANTIA
P.O. Box 375 – Constantia 7848
Tel.: 27 21 79 45 188 – Fax: 27 21 79 42 464

USA, NAPA VALLEY
ROBERT MONDAVI – OPUS ONE
P.O Box 106 – Oakville – California 94 562
Tel.: 1 707 963 40 33 und 1 707 963 19 79
Fax: 1 707 963 10 07 und 1 707 944 94 42

STAG'S LEAP WINE CELLARS
5766 Silverado trail – Napa – California 94558
Tel.: 1 707 944 20 20 – Fax: 1 707 257 75 01

USA, SANTA CRUZ MOUNTAINS
RIDGE VINEYARDS
P.O. Box 1810 – Cuppertino – CA 95015 -
Tel.: 1 408 867 32 44 – Fax: 1 408 867 29 86

KANADA, NIAGARA PENINSULA
INNISKILLIN ICEWINE
RR# 1 – Niagara-on-the Lake
Ontario – LOS 1J0
Tel.: 1 905 468 21 87 – Fax: 1 905 468 53 55

AUSTRALIEN
PENFOLD'S GRANGE
SOUTHCORP WINES
PTY limited – Tanunda road – P.O Box 21 Nuriootpa – S A 5355
Tel.: 61 08 56 09 389 – Fax: 61 08 56 09 295

NEUSEELAND, MARLBOROUGH
CLOUDY BAY
P.O Box 376 – Blenheim
Tel.: 64 3 572 89 11 – Fax: 64 3 572 80 65

Danksagungen

Außer den jeweiligen Besitzern, die uns für die in diesem Werk durchgeführten Reportagen freundlich und manchmal lange empfangen haben, möchten wir insbesondere den folgenden Personen oder Unternehmen für ihre Unterstützung und ihre Gastfreundschaft danken. Ohne sie wäre die Realisierung dieses Buches zugleich schwierig und weniger angenehm gewesen.

Die Familie Hochar, Château Musar im Libanon, das Hotel Mercure-Mérignac in Bordeaux, Louis Roederer in der Champagne, Bouchard Père et Fils im Burgund, die Familie Faller im Elsaß, Renaud und Alain de Laguiche vom Château d'Arlay im Jura für ihren freundlichen Empfang, Isabelle Baratin im Château Grillet für ihren freundlichen Empfang, Nicolas Joly von La Coulée de Serrant für seinen freundlichen Empfang, Niccolo Inchisa delle Recchetta von Sassicaia in der Toskana, Bruno Giacosa im Piemont, das Weingut Gaja im Piemont, Daniel Thomases, Amelia Lourenço von Taylor's Port für ihren freundlichen Empfang, Nicolas Heath von Quinta do Noval, Porto, für seinen freundlichen Empfang, J.J. Prüm in Deutschland, Weingut Robert Weil in Deutschland, Thomas Nickels in Deutschland, das Château Megyer, das Château Pajzos, das Château Hetzolo und Messzelato Dulo in Ungarn, Robert Wenzel in Österreich, Lowell Jooste von Klein Constantia in Südafrika für seinen freundlichen Empfang, für seine Unterstützung und seine Verfügbarkeit bei der Organisation der Reportage, Robert Mondavi und Opus One in den USA, Ridge Vineyards in den USA, John Haeger in den USA, Duncan Miller, The Universal Wine Bar in Adelaide in Australien, Armelle Perrin von Brichambaut für ihre Unterstützung, Cristel Jezegou von American Airlines, Michel Obadia von Malev Hungarian Airlines, Elizabeth Sawicki und Michel Salion von Lufthansa und Lauda Air.

Bildnachweis

Alle Fotografien stammen von Philippe Hurlin außer:
Seiten 152 und 153, DR – Seiten 158 und 159, DR – Seiten 160 und 161 Kevin Judd.

Neff ist ein Imprint der
VPM Verlagsunion Pabel Moewig KG, Rastatt

Titel der Originalausgabe: Les plus Grands crus du monde

Text und Layout: Copyright Studio, Paris
Redaktion: Frédérique Crestin-Billet
Layout: Sophie-Anne Sauvaigo
Umschlaggestaltung: Raphaël Thierry
Aus dem Französischen von Martine Paulauskas
Fachliche Beratung: Rudolf Knoll
Satz: Typo Design Hecker GmbH, Heidelberg
Printed in Spain 1997
ISBN: 3-8118-5400-3